小陽台の果菜園&香草園

藤田智◎監修

從種子到餐桌，食在好安心！

CONTENTS

＊本書中的栽種時期相關記載係以日本關東地區為基準。實際狀況可能會因居住地區而不同。

INDEX

蔬菜＆香草

第一次打造盆植菜園

盆植菜園的栽培條件、空間、土壤都很有限，
相較於直接種在土地上，種出來的蔬果可能比較小，
但多花些心思，還是能成功地栽培出各式各樣的蔬果。

打造盆植菜園的訣竅

深入了解以盆器栽種植物的要點，即使是初學者也不會失敗，能盡情地享受栽培的樂趣。由於都不是很困難的技巧，在栽種前先記起來吧！

1 勤快地澆水

盆器的土壤容量有限，必須勤快地澆水，盛夏時有些植物早晚都得澆水。但土壤若因澆水過量而一直處在潮濕狀態，植物就容易生病或出現根部腐爛的情形，所以澆水時必須配合植物的特性。

2 配合空間條件

植物多半喜歡陽光充足、通風良好的場所。但有時難免必須種在陽台或庭園角落等不符合這些條件的地方，這時就配合環境選擇適合的植物來栽種吧！假設要種在幾乎無法直接照射到陽光的陽台上，就選在半日照或陰暗環境下依然能健康生長的植物，要是勉強種下喜歡充足陽光的植物，植物就會容易生病。

3 挑選符合植物特性的盆器

土壤量越多植物越能健康地成長，因此選擇尺寸較大的盆器就不會失敗。但空間有限時，就必須根據植物根部生長的方式來挑選。生長期較長、植株較高、根莖類等植物適合用較有深度的大型盆器。相對地，植株較矮、生長期較短的植物使用小型盆器也OK。盆器的排水狀況因材質而不同，請配合植物特性選用。

4 打造適合植物生長的環境

盆植菜園的栽種方式相當自由，由於植物可連同盆植一起搬動，可設置平台將盆植擺在較高的場所以延長日照，也可採用組合栽種方式來節省空間，栽種更多類型的植物。只要多花些巧思，就能打造良好的栽培環境。

超實用！
盆植菜園的栽種技巧
1

挑選種子

就算是同一種植物，也會因品種不同而有所差異，即使是同一袋的種子也各有特性，因此播種前最好先了解種子的選法。種子的包裝袋背面都會清楚標示播種時期、播種方法及栽培方法等資訊，播種前先仔細看看正確的情報吧！

將包裝袋裡的種子倒出來確認看看吧！

觀察種子後確認下列項目，有打勾的就是發芽率很低的種子，應避免挑選。若是播種前必須先泡水一晚的種子，請在播種前一天確認。要保存剩下的種子時，請摺起包裝袋口並以膠帶確實封口，再裝入可密封的袋子裡，放入冰箱冷藏保存。

＊播種前打勾確認！
✓避免挑選有打勾的種子

- ☐ 顆粒太大或太小
- ☐ 有瑕疵
- ☐ 形狀不完整
- ☐ 佈滿皺紋
- ☐ 顏色不均

確認包裝袋上記載

包裝袋背面清楚地記載著植物的特徵、播種方法、栽培方法、各地區的播種時期、原產地與發芽率等種子的基本資訊、是否使用農藥、有效期限等，播種前先好好地確認一下吧！

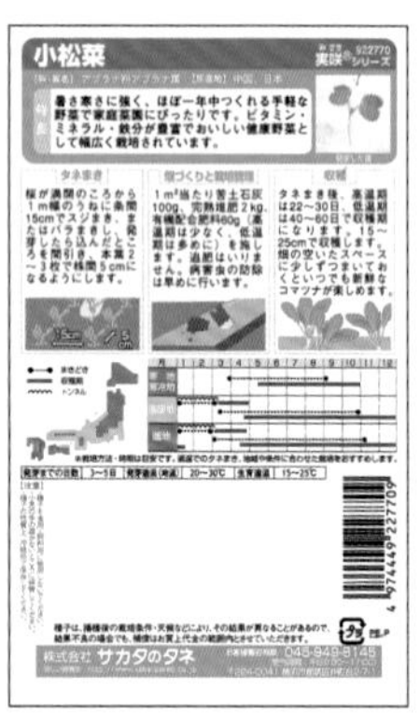

超實用！
盆植菜園的栽種技巧
2

挑選種苗

種苗上市的期間有限，必須先了解栽培對象植物的栽種時期以免錯過購買種苗的時機。對病蟲害抵抗力較強的品種與嫁接苗的價格較高，但比較好栽培，推薦初學者選種。

莖＆葉的顏色漂亮有光澤

大致看一下幼苗，有接近下列特徵的幼苗就是健康的種苗。不好確認時，請拿相同植物的種苗比較後判斷。

＊健康的種苗特徵

- ☐ 葉片寬闊
- ☐ 葉色深且具有光澤
- ☐ 無蟲咬或枯黃部分
- ☐ 莖部粗壯，節間（葉與葉的間距）較短
- ☐ 枝葉沒有下垂
- ☐ 子葉還在
- ☐ 生長點（莖部頂端長出新葉的部位）健全
- ☐ 整體上生氣盎然有活力
- ☐ 植株健壯充滿穩定感

留意蟲咬情形＆莖部的粗細度

已出現下列特徵的種苗並非絕對無法培養，但極可能已遭到病蟲害侵蝕，避免栽種比較好。

＊有問題的種苗特徵

- ☐ 葉子枯萎
- ☐ 葉色變淡泛黃
- ☐ 遭蟲咬又垂頭喪氣
- ☐ 莖部纖細植株長不高
- ☐ 植株徒長節間太長
- ☐ 成長點不健全
- ☐ 無子葉或已枯黃
- ☐ 植株顯得弱不禁風
- ☐ 長太多葉子

超實用！
盆植菜園的栽種技巧
3

播種方式

決定播種方式前必須充分考量栽培對象植物的植株大小、性質及疏苗作業等事項。通常播種孔深度為種子大小的3倍，覆土厚度為種子的3倍。播種後必須以手掌或板子等輕壓土壤表面。

1.撒播

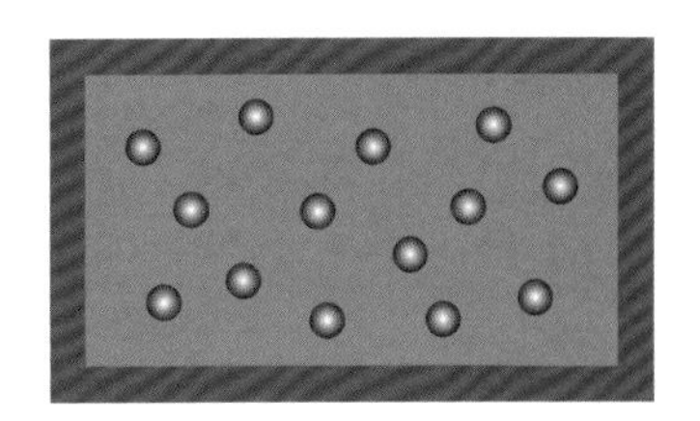

可大量採收疏苗菜

適合播撒細小種子，或希望大量採收萵苣等葉菜類或蕪菁等蔬菜的疏苗菜（又稱摘苗，可食用）時使用。手拿著種子均勻地撒在土壤上，間隔以1至2cm為基準，稍微密一點也沒關係。播種後同樣地拿起適量土壤均勻地撒在表面上即可。

<本書中適合採用撒播方式的植物>
P.18 小松菜／P.23 櫻桃蘿蔔／P.54 菠菜

2.條播

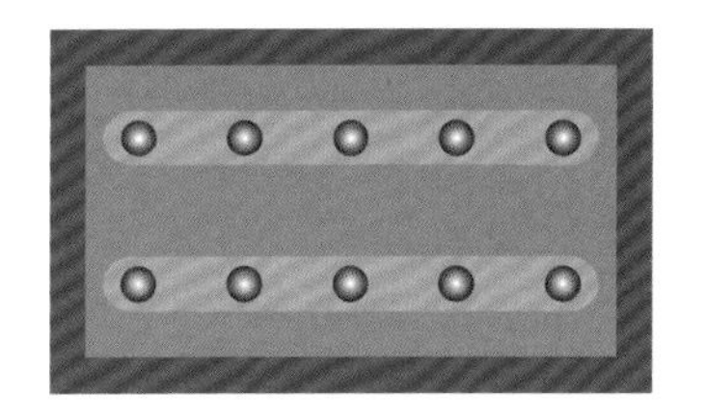

方便管理又能適度地採收疏苗菜

在土壤表面壓出線狀溝槽後播種的方式。此溝槽即稱為「條溝」，適合栽種菠菜或小松菜等植株較高的蔬菜。利用支柱等棒狀物，即可在土壤表面壓出筆直且深度一致的條溝。以指尖捏著種子，維持相等間隔播下吧！播種後抓起條溝兩旁的土壤或將新土均勻地撒在表面上即可。

<本書中適合採用條播方式的植物>
P.18 小松菜／P.22 水菜／P.23 櫻桃蘿蔔／P.53 茼蒿／P.54 菠菜／P.56 蕪菁（迷你蕪菁）／P.61 芝麻菜／P.70 迷你胡蘿蔔

3.點播

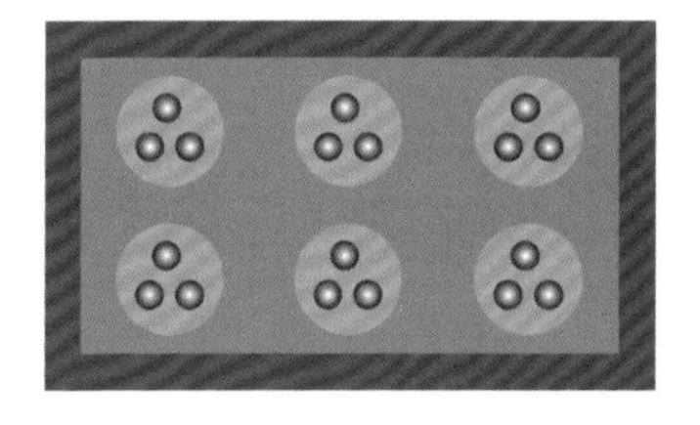

適合栽種植株高大的蔬菜，省力又確實的種法

等距離挖好播種孔後分別播下數粒種子。適合栽種白蘿蔔等植株較大的蔬菜。利用寶特瓶蓋或瓶底等，在土壤表面壓出深度一致的播種孔。使用育苗盆等，在一個播種孔中播下2至3粒種子時，則以手指插入土中挖洞。播種後均勻地撒上相同厚度的土壤填滿播種孔即可。

<本書中適合採用點播方式的植物>
P.28 羅勒／P.36 苦瓜／P.48 四季豆／P.50 萵苣／P.55 毛豆／P.56 蕪菁（迷你蕪菁）／P.57 韭菜／P.61 芝麻菜／P.64 迷你南瓜／P.68 迷你蘿蔔

超實用！
盆植菜園的栽種技巧
4

必備工具

備有專用工具既可節省時間，又能大幅提昇工作效率，比較不會失敗。先準備好必要的工具，再慢慢地添購其他工具吧！最好選耐用又順手的工具。

播種／栽種用工具

鏟子
將培養土裝入盆器或缽盆時使用，建議挑選好拿且較深的小鏟子。

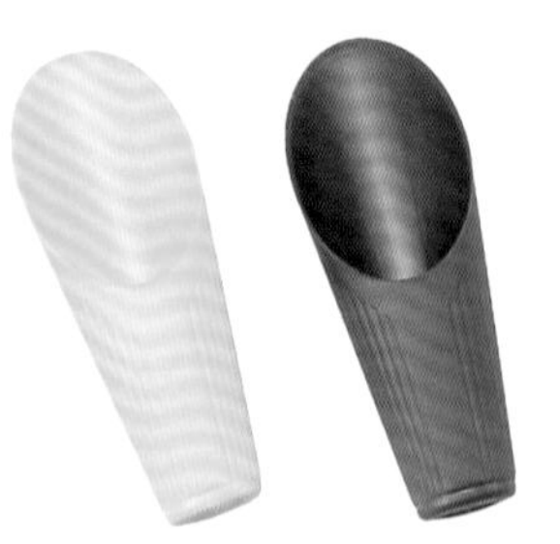

盛土器
同小鏟子，用於處理培養土。由於有各種素材與尺寸的製品，建議配合作業區分使用。

移植鏝
用於挖掘幼苗栽植孔或加土。選用長約30cm的標準款，還能當做測量植株間距的量尺。

盆器
塑膠材質的最為普遍，也有陶瓷或木製，大小、形狀也很豐富，配合想栽種的蔬菜性質選用吧！（詳情請見P.10）。

盆底石
裝入培養土前盆器底部先鋪一層盆底石，可提昇透氣度與排水效果，促進根部的成長。

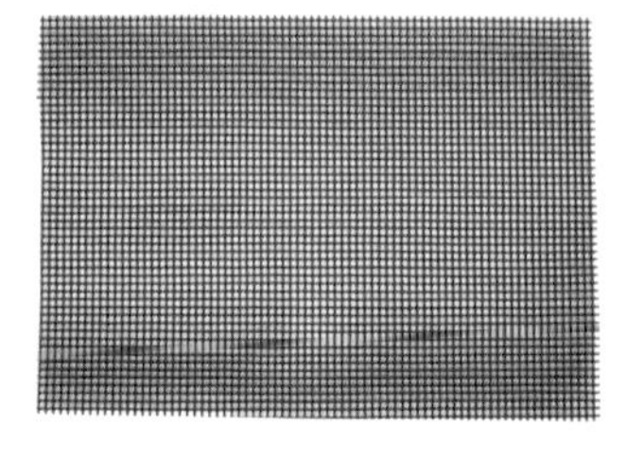

盆底網
在盆器底部鋪上可避免土壤從盆底排水孔流出，市面上有需自行裁剪或已裁好固定尺寸的盆底網。

培養土
園藝用的配方土，建議購買已添加基肥的類型。市面上可買到「蔬菜專用」、「香草專用」、「育苗專用」等各種培養土。

育苗盆（黑軟盒）
育苗時使用。3號（直徑9cm）尺寸的使用起來最方便，也可將購買種苗時的育苗盆留下重複利用。

木板
壓出條溝或播種後輕壓覆土時使用，建議配合盆器的尺寸選用。

水桶
在陽台等有限的空間裡栽種時，用來裝土或裝水都很方便。

防護手套
栽種與日常照料時使用，除可避免弄髒雙手外，還可保護雙手不因接觸泥土而變得粗糙或是被蔬菜的尖刺戳傷。

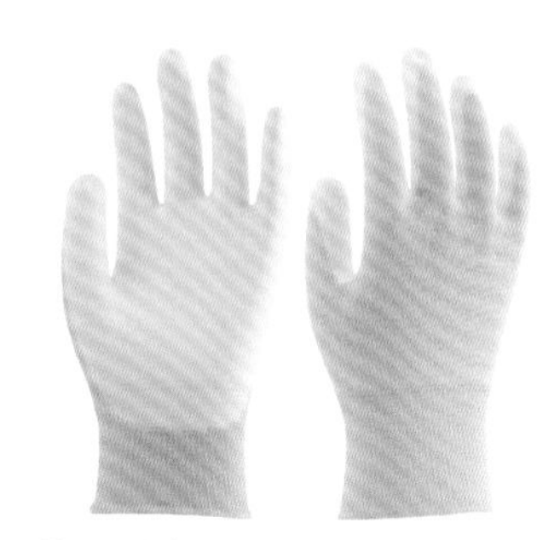

橡膠手套
服貼不易滑落，便於進行細部作業，請配合自己的手掌大小來挑選吧。

照料用工具

防寒紗

保護植物免於寒害，並降低蟲、鳥危害。沒有專用的防寒紗時，可用足以覆蓋盆器的塑膠袋代替。

灑水壺

日常澆水時用，可拆下蓮蓬頭的類型使用上較方便。由於夏季必須頻繁地澆水，建議挑選容量較大的灑水壺。

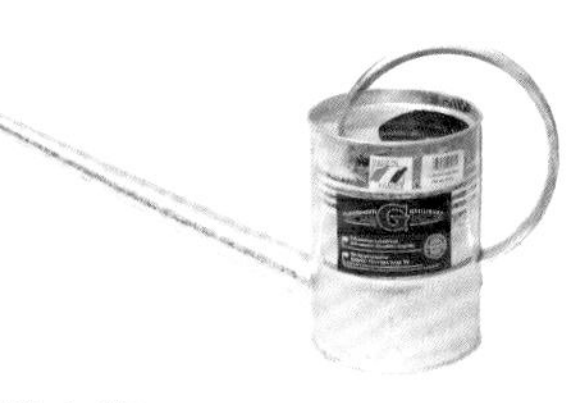

澆水壺

為枝葉茂盛的盆栽澆水時，建議使用可針對根部澆水的澆水壺，用來施加稀釋過的液態肥料也很方便。

噴霧器

發芽前讓土壤保持濕潤或想針對葉子補充水分等，少量澆水時使用。

細麻繩

功能同塑膠繩，在固定支柱或引導植物時使用，自行製作燈籠式支架時亦可使用。

剪定鋏

日常維護與採收時使用，建議選用不鏽鋼材質，不易生鏽的園藝剪。

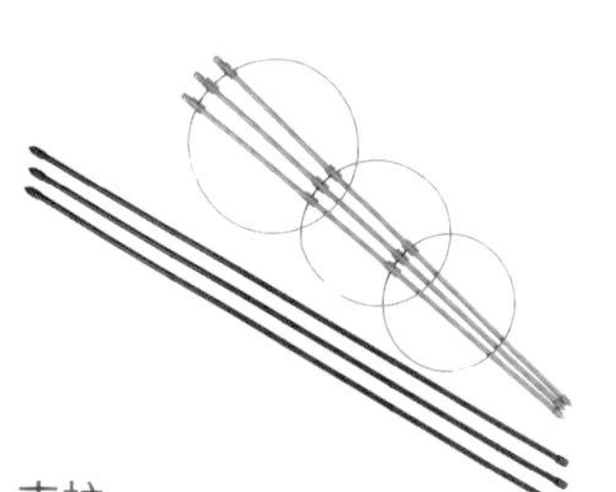

支柱

栽種植株高大、容易傾倒的蔬菜或爬藤類蔬菜時使用，種植爬藤類蔬菜時也可使用燈籠式支架。

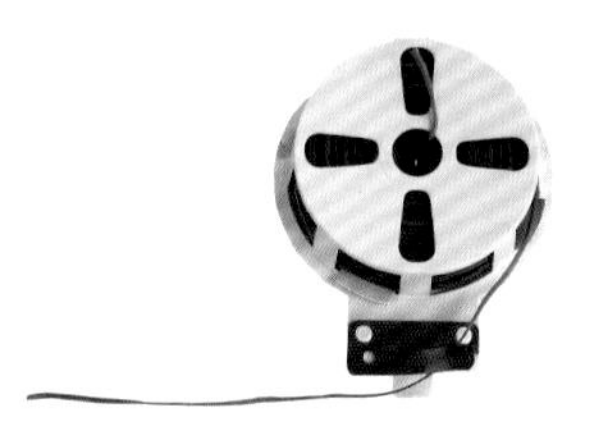

魔繩

加入鐵絲的塑膠綁繩，可將藤蔓或枝條固定在支柱上，市面上有需自行裁剪或已裁好固定尺寸的種類。

其他方便的工具

L型支柱固定架（插式）

使用固定架可避免支柱晃動，安心栽種高大的植物，配合支柱選用適合的固定架吧。

支柱固定夾（夾式）

可輕輕夾住支柱與枝條的固定夾，由於不需要綁紮，使用上相當方便。

環保盆

使用再生紙製成的花盆，輕盈易搬動且透氣性絕佳，廢棄不用時可分為可燃垃圾的環保容器。

盆栽標籤

可寫上栽種或播種日期、品種等插入土裡的標籤，建議使用不溶於水的油性筆來寫。

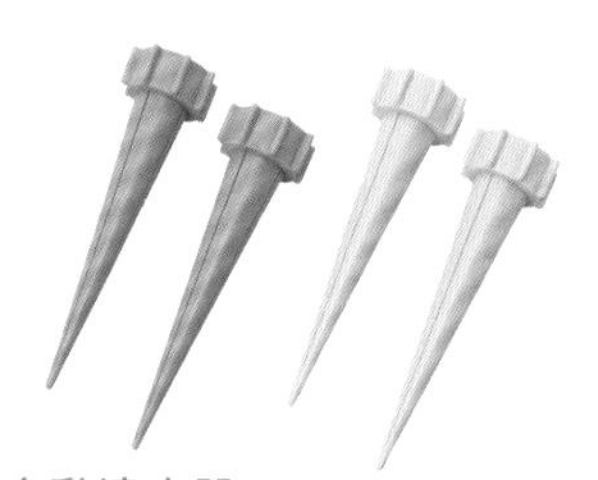

自動澆水器

拴在寶特瓶口後插入土裡即可，由於尾端細尖，可少量持續地澆水，適合在旅行等無法澆水時使用。

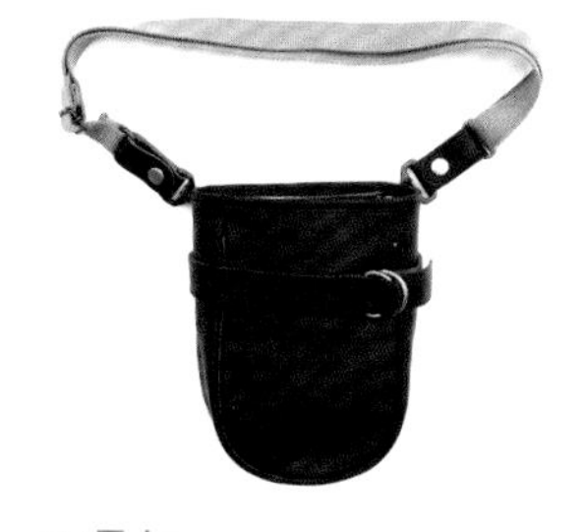

工具包

可裝入移植鏝、剪定鋏、鑷子、魔繩等工具，能大幅提昇工作效率。

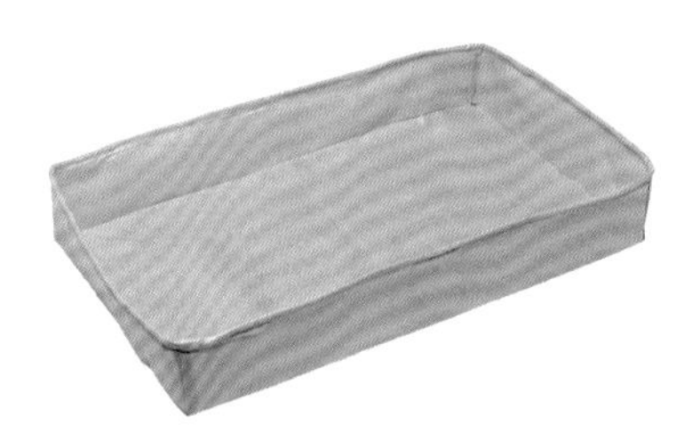

移植墊

在移植墊上進行作業，就不必擔心泥土弄髒四周環境。也可用來將採收後的根莖類蔬菜攤開晾乾。

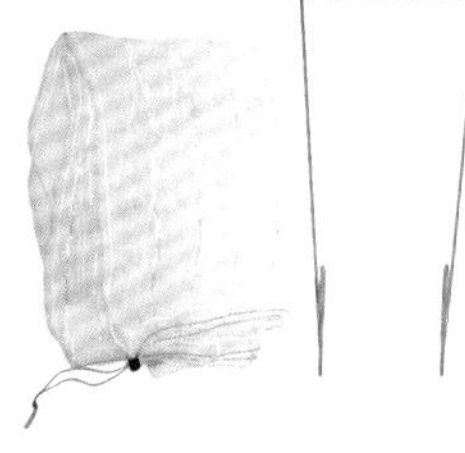

防蟲網

發現植物可能遭受蟲害或鳥害時，用於覆蓋缽盆或植株的防護工具，可用洗衣袋等紗網替代。

超實用！
盆植菜園的栽種技巧
5

栽種步驟

覺得從種子開始栽培起難度太高，或是希望能輕鬆早日採收時，可購入種苗移入容器裡栽種，過程中要注意不要傷到種苗的莖葉與根部。初學者從小幼苗開始栽培也比較不易失敗。

1 放入盆底網、盆底石

剪一塊大於盆底排水孔的盆底網鋪好，接著放入盆底石至看不到盆底以提昇透氣性與排水效果。

2 放入培養土

將緩效性（效果會慢慢呈現）肥料混入培養土（有添加基肥的培養土則不需混入）裡，加入至容器的⅓左右。

3 將育苗盆放入

將種苗連同育苗盆一起放入容器中確認植株高度，以免栽種後太高或太低。

4 調整土壤量

調整土壤的份量，考慮到澆水時的滯水空間，種苗高度約為低於容器邊緣2cm左右。

5 輕輕取出種苗

避免弄傷種苗，以單手指尖輕輕地捏住植株底部，另一隻手再輕推育苗盆底部的排水孔部位後取出種苗。

6 撥鬆根部

避免破壞根部與周邊的土塊（根盆），輕輕地撥鬆盆底部位的泥土，若根部盤結可略做修剪。

7 放入種苗後加土

種苗放入容器後加土填補空隙，空隙較狹窄時可插入手指或免洗筷攪動，確實地將土壤填入容器底部。

8 穩定種苗

充分澆水至盆底出水為止，靜置於陰涼處2至3天（寒冷時期擺在溫暖的陽光下也OK）讓種苗更穩定。

＊組合栽培的要點

1 將種苗放入容器裡以確認位置

跟一般栽種一樣先加土至容器的⅓左右，再連同育苗盆放入種苗，預留2cm的澆水空間後，確認高度與配置位置。

2 調節土壤高度後放入種苗

決定配置方式後加入或取出土壤，一邊調節高度、一邊種下由育苗盆裡取出的種苗。種苗大小因種類而不同，栽種時必須考慮位置的平衡性。

3 加土

加入土壤以填補空隙，利用手指或免洗筷將種苗間、種苗與容器間的狹小空隙確實地填入土壤。

4 穩定種苗

充分澆水後靜置於陰涼處2至3天讓種苗更穩定。之後就如同栽種其他種苗一樣，充分澆水耐心培育即可。

超實用！
盆植菜園的栽種技巧
6

照料方法

必須配合植物的生長階段，採用適當的照料方法，才能早日採收更多、更好吃的蔬菜。牢記基本的照料方法即可廣泛地應用於各類蔬菜。

●建立支柱

栽種枝條柔軟、植株高大、果菜類、蔓藤類等蔬菜時必須建立支柱，配合植物來選擇支柱類型吧。

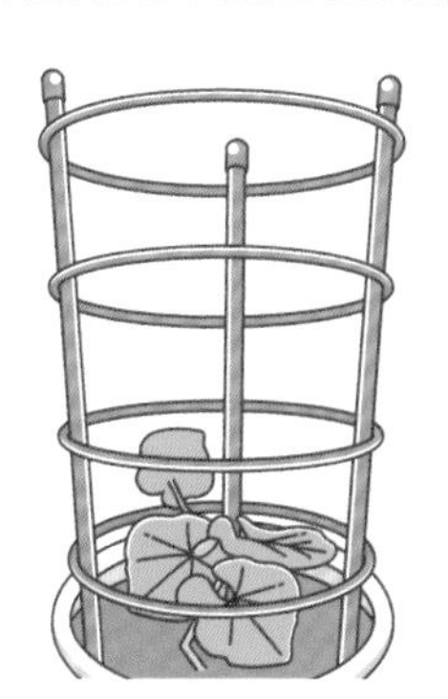

配合植物的性質與成長狀況重新建立支柱，在植物尚未延著支柱攀爬時則可以細繩等來固定植株。

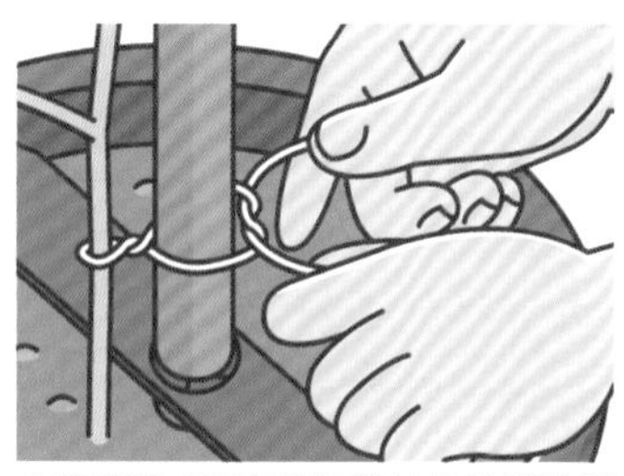

先將魔繩或細麻繩繞過植物莖部後鬆鬆地繞成8字型，再固定在支柱上。

●摘心

指摘去莖部或枝條尖端的嫩芽，可阻止莖部繼續成長，促進側芽或子蔓的生長，增加採收量。

從莖部或藤蔓尖端，將繼續生長的頂芽下方第1節附近剪斷。

摘心可促進側芽、子蔓的生長。

●疏苗

拔掉多餘的植株，為保留的植株打造更寬廣的生長空間，讓根部吸收更充足的養分。

夾住太小株或莖部瘦弱的植株基部後輕輕地拔除。

以長出1至2片子葉至本葉時，葉子不會相互碰觸到，植株長大後葉子不會重疊在一起的程度為準來疏苗。

●摘除側芽

中心莖部長得高，側枝數會變少，會結出果實的植物適合藉由摘除側芽將養分集中供應給保留的枝條，進而結出豐碩的果實。

側芽長大後就會變成從主枝長出的側枝，除了要保留的枝條外，摘除其他的側芽。

側芽還小時可以指尖摘除，若使用剪刀，應避免傷到要保留的枝條。

●加土・培土

將植株旁的土壤往植株基部堆積稱為「培土」，補充新土則稱「加土」，是栽種芋薯類或根莖類植物時不可或缺的工作。

（加土）補充新土。土壤變少或根莖類等植物長大需要更多空間時就需要加土。

（培土）往植株基部堆積土壤。培土可穩定植株，防止根莖類植物的根莖綠化發芽，追肥後培土還可促進肥料與土壤混合。

●追肥

因應植物生長需要的施肥作業。以盆器種菜時，養分易隨著日常澆水而流失，因此必須定期追肥。

使用化合肥料時，一個容器一次追肥10至30g，以小花盆栽培時一株植物一次追肥2至3g。

使用液態肥料時，請依據商品上標示的倍率稀釋後，於澆水時淋灑，為即效性肥料。

超實用！
盆植菜園的栽種技巧
7

挑選盆器

必須配合蔬菜成長後的狀況，選用適當大小的盆器，通常植株高大的蔬菜，根部的生長範圍也比較廣。土壤量越多，根部生長範圍越大，蔬菜就能更健康地成長，因此空間許可的話，建議選用大一點的盆器。

＜小型＞

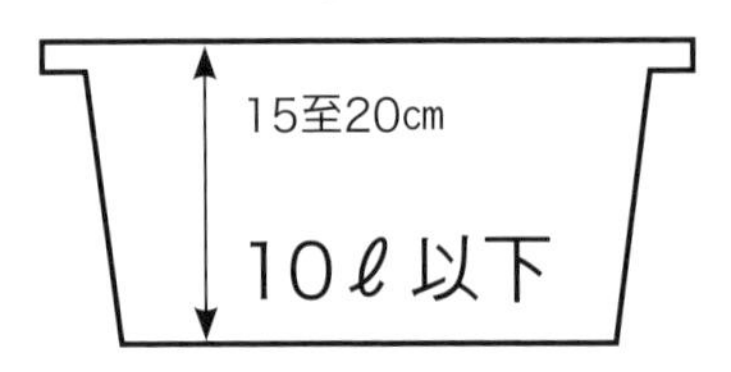

植株矮小的葉菜類＆香草類

栽種小松菜、菠菜、萵苣等植株矮小的葉菜類，或薄荷、羅勒等可輕鬆摘取使用的香草類時，使用這種尺寸的盆器即可，亦可用於栽種蕪菁（迷你蕪菁）、櫻桃蘿蔔等根不深或小番茄等果實較小的植物。

＜中型＞

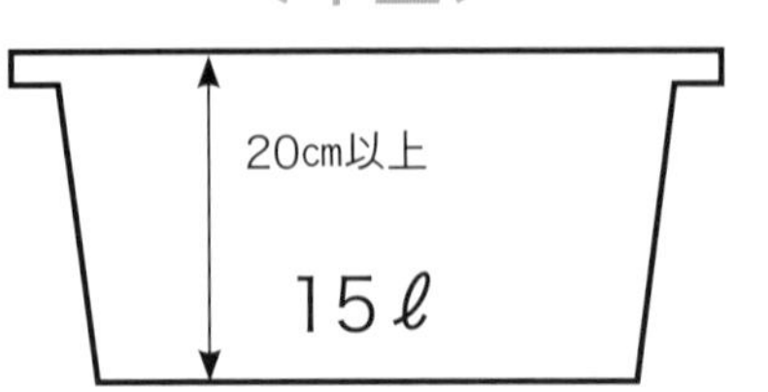

植株高大的葉菜類＆果實較小的植物

栽種水菜等植株較大的葉菜類，或長度15cm以下的迷你胡蘿蔔、大蒜等根莖類也OK，亦可用於栽種小黃瓜、青椒等植株不高又會結果的植物。栽種根深且植株較高的秋葵時，也得使用至少有這個深度的盆器才行。

＜大型＞

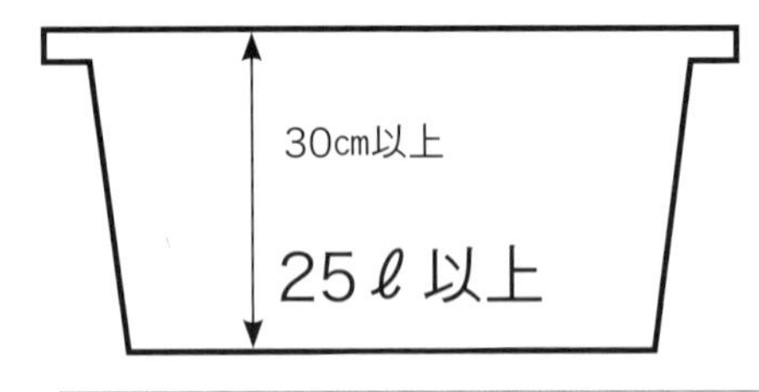

植株高大又會結果的植物＆根莖類

栽種茄子等植株高大又會結果的植物或苦瓜、迷你南瓜等會結出碩大果實的蔓藤植物時，建議使用這種尺寸的盆器。想栽種迷你蘿蔔或栽培過程中須培土的馬鈴薯等根莖類時，不妨也以這種尺寸來挑戰吧。

＜深型＞

栽種一株高大的蔬菜

適合在栽種一株番茄或茄子等植株長得又高又大的植物時使用。栽種迷你南瓜、小西瓜等需架設燈籠式支柱方便管理的蔓藤植物時，也建議使用此類型的盆器一株株栽種。

其他類型的盆器

設有固定孔的盆器

由於設有固定支柱的孔洞，固定時不必擔心會傷到植物的根部。

設有支柱孔的盆器

選用設有支柱孔的盆器時，只要將支柱插入孔洞即可確實固定支柱。

設有防蟲網的盆器

附帶適當尺寸的防蟲網與支柱等成套配件的盆器。

依材質挑選盆器

盆器的材質種類繁多，
建議牢記配合蔬菜性質挑選的技巧。

①塑膠

價格低廉，質地輕盈堅固，取用簡單。土壤不易乾掉，保水效果佳，但易受陽光直射或外在氣溫影響，要注意土壤夏季溫度上升或冬季凍結等問題。

②木頭

隔熱效果佳，土壤溫度不易受到外在氣溫影響。但由於吸水性佳，容易因澆水或下雨而逐漸劣化，建議在腐壞前就更換。

③金屬

通常為鐵電鍍處理後的馬口鐵材質，易受外在氣溫影響，建議擺在明亮的室內或屋簷下等可馬上採收的地方，適合用於栽種香草類植物。

④泥碳

由環保素材打造而成，育苗後可直接連盆種入大型盆器裡，最適合組合式栽培時使用。

⑤陶器

外型漂亮但容易破裂，使用時需小心。由於兼具觀賞價值，於室內栽種香草或會開花的蔬菜類時不妨使用看看。

⑥布質

以黃麻（麻布）或不織布製成，適合栽種蘿蔔等扎根較深的蔬菜。透氣性、排水性皆佳，但土壤易受外在氣溫影響。

超實用！
盆植菜園的栽種技巧
8

挑選培養土＆肥料

希望能夠種出美味、健康的蔬菜又能豐收，最重要的就是土壤與肥料。至於需要什麼樣的土壤與營養素（肥料），則因蔬菜種類而有所不同，依據種植的蔬菜來挑選適合的類型吧！

培養土

像是赤玉土、鹿沼土、腐葉土等兼具排水性與保水性，由多種土壤混合而成的培養土，可直接用於栽培。市售培養土尚可分成「蔬菜用」、「花卉用」、「香草用」等許多種類。

園藝用培養土

已將酸鹼值調配為適合植物生長的土壤，不論栽種蔬菜、花卉、香草等各類植物都很適合的萬能培養土。也有標示「蔬菜用」、「香草用」等按照用途分開的種類。

播種用培養土

標示「播種用」、「育苗用」的培養土。可保持發芽所必要的水分，保水性與透氣性都優於一般培養土。

有機培養土

含油粕、魚渣、雞糞、牡蠣殼等有機肥料成分的培養土。雖然施肥效果比化合肥料慢，但可當做一般培養土使用。

＊選用要點

- ☐ 可用於栽培蔬菜嗎？
- ☐ 有事先混入肥料，含「基肥」成分的培養土較佳。
- ☐ 土壤酸鹼值已調整為適合種植多數蔬菜的pH6.5了嗎？

※酸鹼值為表示物質酸鹼性的單位。pH7為中性，數值小於7為酸性，大於7為鹼性。

肥　料

以有限的土壤栽培蔬菜的盆植菜園，必須頻繁地澆水，容易缺乏養分。所以必須充分地施肥，才能採收營養豐富又美味可口的蔬菜。

◆ 基肥 ◆

播種或栽種時就事先混入培養土裡的肥料就叫做「基肥」，對植物發芽與成長來說基肥是不可或缺的，請確實地混入所有培養土中。

◆ 追肥 ◆

指播種或栽種後，於植物成長過程中施用的肥料。可將粒狀的固體肥料撒在土壤表面或以水稀釋液態肥料後噴灑。

◆ 禮肥 ◆

大量採收或修剪後，希望植株能早日恢復元氣，再度採收時施用。建議施用速效性的化合肥料。

緩效性肥料

適合在播種、栽種時混入培養土裡，有機肥料在約2星期前即預先混入，效果會更好。

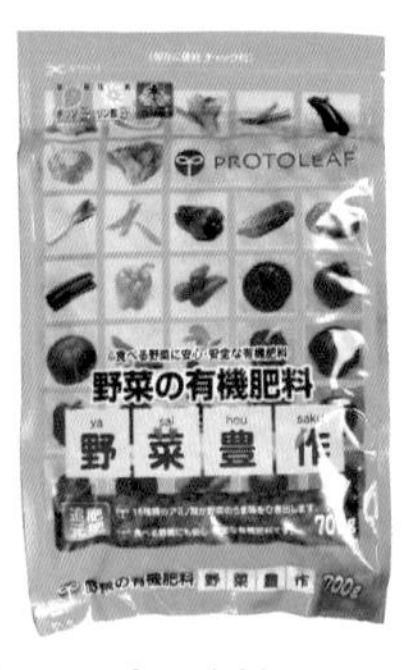

蔬菜用肥料（基肥・追肥）

由於含速效與緩效兩種成分，可當基肥亦可當追肥，混入土壤中或是撒在土壤表面皆可。

液態肥料（速效性肥料）

以水稀釋後於澆水時噴灑，由於施肥後馬上就能經由根部吸收，最適合作為追肥使用。以1公升的寶特瓶來稀釋較易掌握稀釋倍率。

土壤的育成肥料

栽培後基本上會捨棄舊土再重新裝入新土，但使用這種肥料就能讓舊土恢復生機，再次使用。

超實用！
盆植菜園的栽種技巧
9

確認環境

以盆器種菜時，日照、通風、排水等環境因素對於蔬菜的成長與採收有很大的影響，所以栽種前先仔細確認陽台、屋頂或庭園等環境是否適合栽培蔬菜吧！

日照

確認日照的時間及方位

陽光為植物成長時不可或缺的要素，陽台上的日照情形最容易因季節、時間帶而改變，必須格外留意。如夏季太陽角度較高，陽光可能會無法照射到陽台的最裏側。其次，西曬過度容易對植株造成損害，建議仔細確認日照時間的長短。雖然陽台多半有日照不足的問題，但可栽種喜歡陰涼或半日照環境的植物。半日照是指1天中的日照時間約為3至4小時的狀態。

＊確認要點

- □ 面向東西南北的哪個方位？
- □ 夏季時陽光會照到哪裡？
- □ 一天中的日照時間為幾小時？
- □ 西曬時間為幾小時？

排水

應避免垃圾或泥土阻塞排水口

以盆器種蔬菜時，土壤多少會因為澆水或下雨而從盆底排水孔流出。若是將盆器設置在陽台上，讓水直接流向排水口就可能會造成阻塞，因此建議在盆器底下擺放托盤避免水直接流向排水口，或鋪上不織布以避免土壤流失。事先在排水口加上細網也是相當有效的對策。

＊確認要點

- □ 陽台確實做好防水了嗎？
- □ 水會漏到底下的樓層嗎？
- □ 排水口的排水順暢嗎？
- □ 排水口會因落葉等阻塞嗎？

通風

避免悶熱的環境以防止病蟲害發生

盆器中若太悶熱容易引發病蟲害，因此通風很重要。陽台為水泥圍牆時，下方的通風效果就比較差。而大樓的高樓層或屋頂則有強風吹襲之虞，必須確認風吹的程度。若將植物種在會吹到強風的場所，容易發生植物傾倒或土壤過於乾燥等問題，必須確實做好防風對策。冷氣室外機旁則易出現排氣傷到植株，也可能會使土壤太過乾燥。

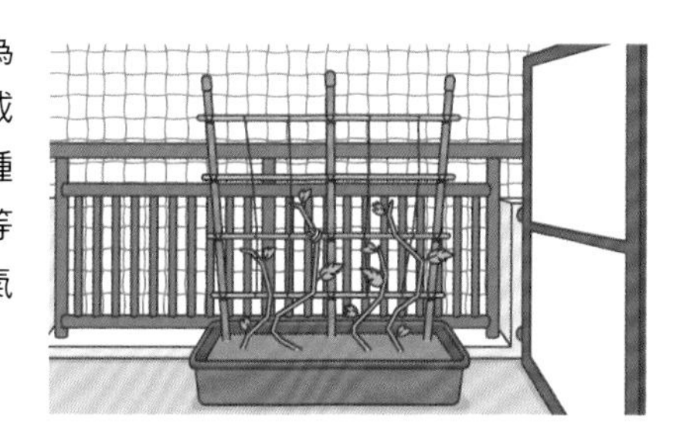

＊確認要點

- □ 位於通風效果很差的陽台水泥牆正下方嗎？
- □ 位於大樓的高樓層或屋頂等需要強風對策的地方嗎？
- □ 位於冷氣室外機旁嗎？

確保安全逃生路線

菜園在陽台時，必須留意是否擋住了設置在陽台與隔壁間，由避難牆與救生梯構成的逃生口。其次，陽台通常為緊急時的避難通路，因此必須確保足以讓人通過的空間。

超實用！
盆植菜園的栽種技巧
10

整理環境

發現想設置盆器的場所不適合種蔬菜時也別氣餒，因為只要動手整理一下，就能夠打造出適合蔬菜生長的環境，用點巧思，好好地享受栽培的樂趣吧。

氣溫太高時

確實做好防曬工作

天氣太熱會讓植物變得衰弱，而陽光持續直射會導致土壤溫度上升，對植物的生長也會造成影響。水泥地最容易因為陽光反射而造成高溫，最好搭蓋木造平台、鋪設棧板，或將盆器擺在架子上，避免直接接觸水泥地面。掛上竹簾直接遮擋陽光也相當有效，以防寒紗覆蓋盆器也可有效地避免溫度竄升。

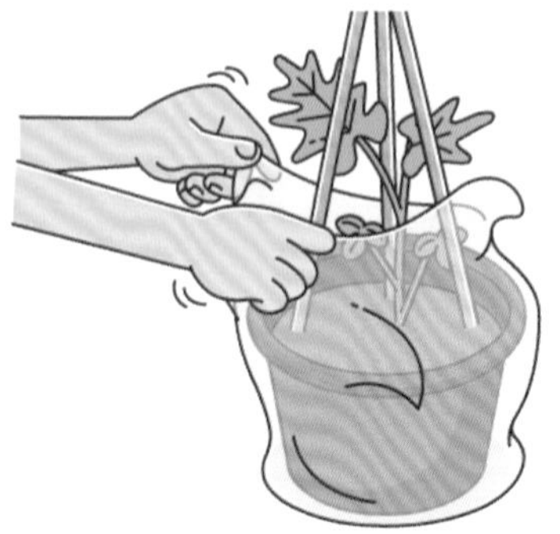

＊比較耐熱的植物

小番茄、西瓜、毛豆、茄子等盛產季節為夏季的蔬菜，雖然程度不同，但確實是比較耐熱的植物。香草類的羅勒是夏季依然能健康成長的植物。而小番茄最耐熱又耐乾旱，推薦初學者栽種。

濕度太高時

加強通風以免濕氣滯留

盆器放置在通風效果差，濕氣容易滯留的場所，易因悶熱而引發病蟲害。可將盆器擺在架子或磚塊上，避免直接擺在地上，既可解決高溫問題，又能有效地確保盆底的透氣性。栽種枝葉茂盛的植物時，最好勤快地剪除側芽，以加強整個植株的通風效果。

＊比較喜歡濕氣的植物

處在濕氣太高的環境裡，多數植物都會變得衰弱，且容易受到病蟲害侵襲，但還是有非常喜歡濕氣的植物。鴨兒芹或薄荷種在略為潮濕的環境裡依然能健康成長，不過必須留意小果蠅等喜歡濕氣的害蟲。

颱風＆強風時

支柱＋防風對策

高樓層的陽台或屋頂常有強風，栽種高大植物、幼苗、蔓藤植物時，必須建立穩固的支柱，確實固定植株。可在面向外側的圍籬裝上市面販售的防風網來緩和，設置格柵等木製柵欄也能適度地遮擋強風。應避免使用吊掛類型的容器，盆器並排擺放時最好以支柱連結，事先做好防範傾倒的對策。

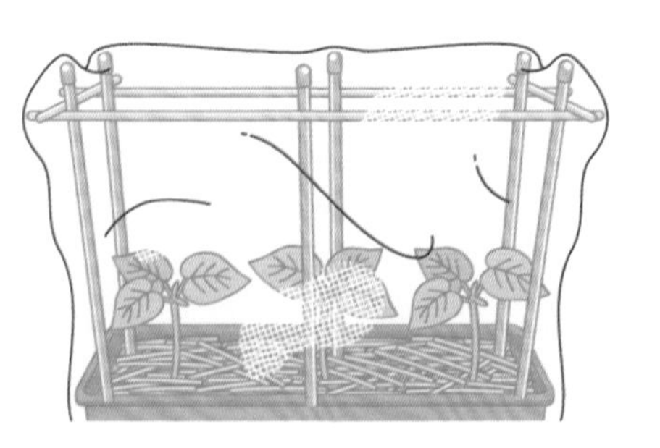

＊天氣驟變時搬入室內

遇到颱風或冰雹等劇烈的天氣時，儘速將盆器等移到室內或不會遭受強風吹襲的場所吧。半天左右沒照射到陽光也沒關係。請優先保護辛苦栽培的植株，以及避免因植物傾倒而對周遭造成危險。

日照時間太短時

栽種喜歡半日照的植物

在被水泥圍欄遮擋住陽光的陽台地上種菜時，建議將盆器擺在台子或棚架上以確保日照，將植株矮小的蔬菜擺在南側也是方法之一。也可栽種喜歡半日照或陰涼環境、擺在就算陽光不會直接照射到，但光線明亮的場所也能充分成長的小松菜、水菜、菠菜、茼苣等蔬菜，鴨兒芹也是擺在陰涼處依然能健康成長的蔬菜。

＊西曬太強時

西曬太強時，入夜後氣溫或地面溫度不易下降，易導致植株養分嚴重耗損或阻礙植物生長，以防寒紗等遮擋陽光或參考P.14記載的氣溫較高時的對策吧！栽培場所面向西側時需格外留意。

寒冷季節的栽培要領

冬季寒風易使植物衰弱（以日本會下霜雪的地區）

以盆器種菜時，因土壤量較少，更容易受到寒冷天氣的影響，需格外留意。使用小型盆器時可搬入室內過夜，使用大型盆器時，建議將腐葉土或其他覆蓋物加在土壤表面，或以防寒紗覆蓋植物等，確實地做好防寒對策。通風的陽台圍欄上可覆蓋透明塑膠布，不但不影響日照，還能抵擋寒風。

＊比較耐寒的植物

植物多半不耐寒，天氣太冷植株就會變得衰弱或枯萎，沒有信心做好防寒對策的人，建議栽種比較耐寒的植物。水菜只要留意霜害，天氣稍微冷一點依然能健康成長。而盛產季節為冬季的菠菜最喜歡寒冷的氣候，最適合天氣變冷時栽種。

防鳥對策

果菜類易成為鳥類危害的對象

雖然在高樓層陽台種菜比較不會有蟲害，但剛撒下的種子、果菜或葉子還是會成為鳥類的目標。吊掛廢棄CD之類的對策，鳥類很快就習慣了，難以發揮效果，因此建議覆蓋紗網或防寒紗來確實保護蔬菜。特別是果實成熟變色時，更應提高警覺，連同植株一起罩上紗網，即可避免果實還沒成熟就被鳥兒吃掉。如果沒有防鳥專用網，使用園藝專用網或防蟲網也沒關係。

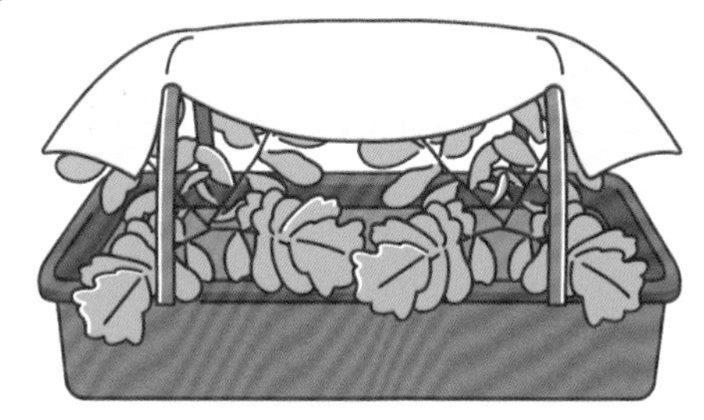

＊易遭鳥害的植物

毛豆、四季豆等豆類植物的種子是鳥類的最愛，播種後務必蓋上防蟲網或防寒紗。而小松菜等較無苦味的葉菜類，及成熟後轉變成紅色的草莓也很容易成為鳥類危害的對象，需要確實做好防鳥對策。

超實用！
盆植菜園的栽種技巧
11

共榮栽培的訣竅

將不同種類的植物種在一起以防止彼此的病蟲害，促進植物生長，具備這種作用的植物就叫做「共榮植物」。並非所有植物都具備此作用，共榮作用絕佳的組合也有可能是阻礙生長的組合。

♥ 相容性絕佳的植物

小番茄 ＋ 羅勒

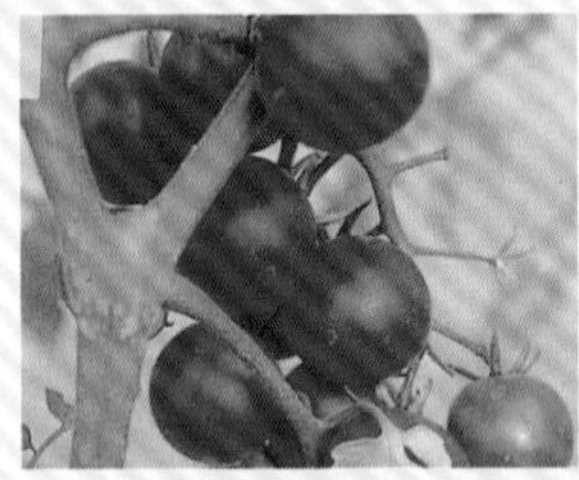

羅勒的抗菌成分與香氣可保護小番茄免於病蟲害之侵襲。且小番茄最怕水分太多的環境，與羅勒種在一起，會因羅勒吸走大量的水分而結出甜美果實。

迷你胡蘿蔔 ＋ 迷迭香

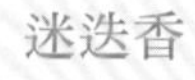

將迷迭香與胡蘿蔔種在一起，會讓喜歡吃胡蘿蔔葉的黃鳳蝶幼蟲和夜盜蟲，以及喜歡吃根、莖、葉的胡蘿蔔蠅敬而遠之。亦可混種豆類或高麗菜。

十字花科蔬菜 ＋ 薄荷

薄荷的香氣與殺菌效果強勁，足以讓喜歡接近小松菜、迷你蘿蔔、蕪菁（迷你蕪菁）等十字花科蔬菜的紋白蝶、蚜蟲、毛蟲等昆蟲躲得遠遠地。

蔥類 ＋ 葫蘆科蔬菜

小黃瓜、小西瓜等葫蘆科蔬菜，混種淺蔥、洋蔥等蔥類植物，即可降低罹患青枯病、立枯病、或會引發連鎖反應的蔓割病之機率，亦具備驅除蟎蟲或蚜蟲的效果。

相容性不佳的植物

豆類 ＋ 蔥類

毛豆、四季豆等豆類植物，混種淺蔥或洋蔥等蔥類植物，會抑制彼此的成長，應避免種在一起。

小黃瓜 ＋ 鼠尾草・百里香

鼠尾草或百里香喜歡乾燥的環境，而小黃瓜需要較多的水分，兩者的生長環境截然不同，因此混種時可能會阻礙小黃瓜的成長。

適合初學者栽種的蔬菜＆香草

初學者最好從好種的植物開始栽培起，好好地享受種植與採收的樂趣吧！
建議選種栽培期間較短、播種或栽種後不太需要費心照料的植物。
栽種小番茄時從幼苗開始栽培起比較簡單喔！

栽培行事曆

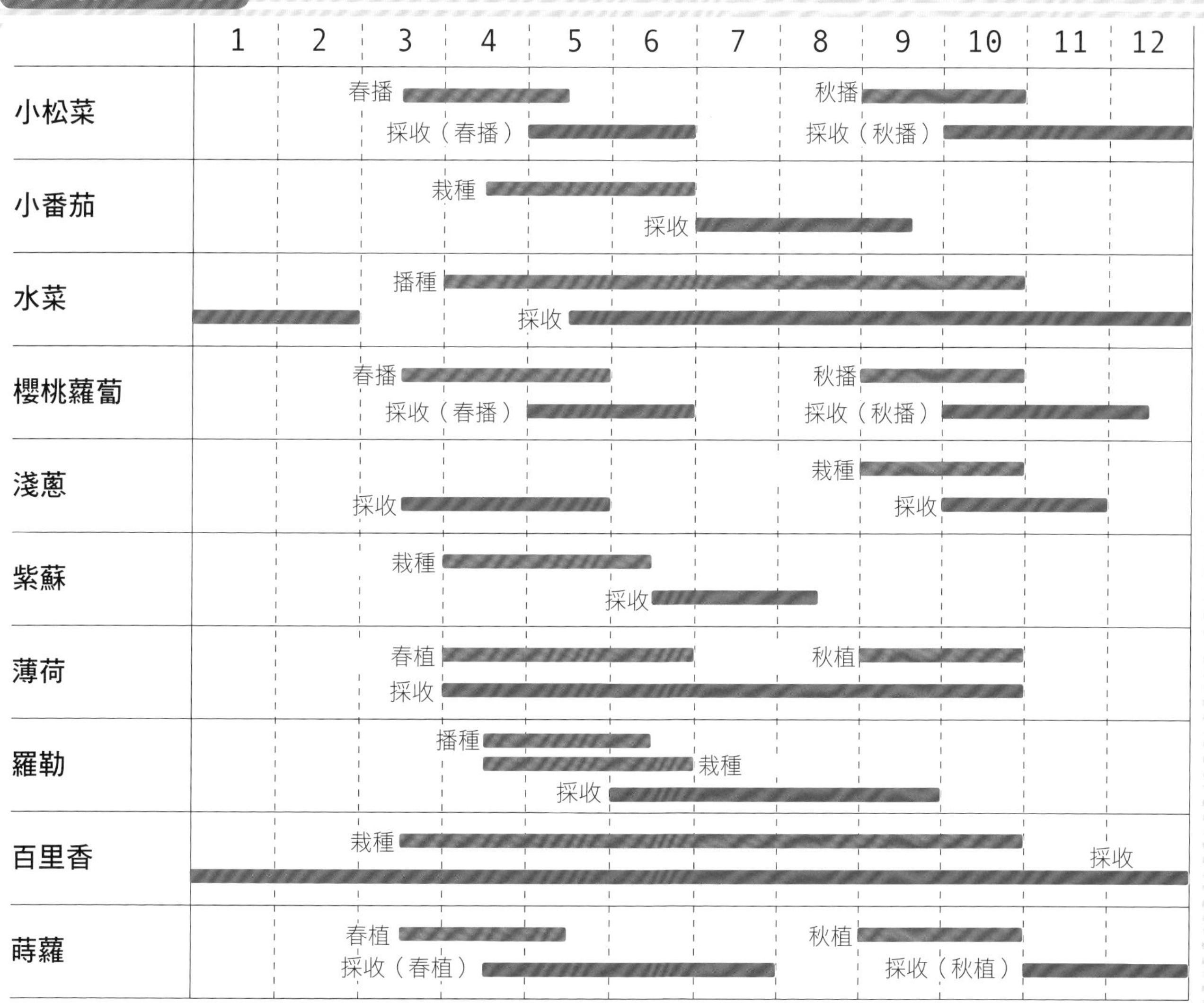

栽培過程中可陸續採收，經濟效益高。

小松菜

分類：十字花科

30天左右就能採收，成長速度快的葉菜類。盛產季節為冬季，春季亦可播種。由於春季栽培易長蚜蟲，建議初學者於秋季栽種。只要留意日照與乾燥情形，是初學者栽種也很少失敗的蔬菜。疏苗菜也可食用，因此栽培過程中就能採收。

	1	2	3	4	5	6	7	8	9	10	11	12
播　種				春播					秋播			
照　料			追肥		疏苗			追肥			疏苗	
採　收				春播					秋播			

澆水

乾燥時充分地澆水

發芽前請在土壤尚未乾掉時就澆水，發芽後等土壤表面乾掉再充分澆水。容易乾燥的夏季期間連夜間都需留意是否需要澆水。

肥料

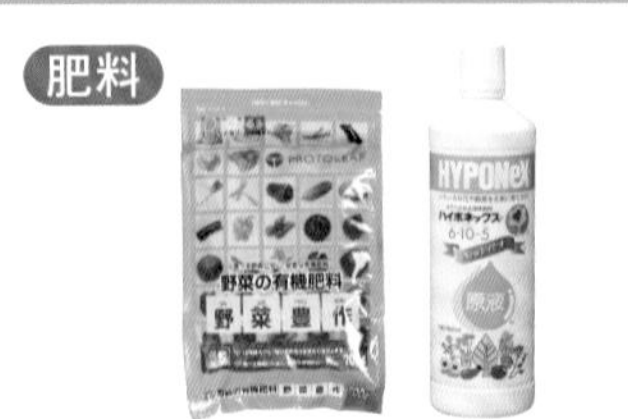

觀察成長狀況後適度地追肥

疏苗階段可在澆水時一併施以稀釋過的液態肥料，1星期追肥一次即可。使用固體肥料時一次使用約10g，撒在條間或植株間。

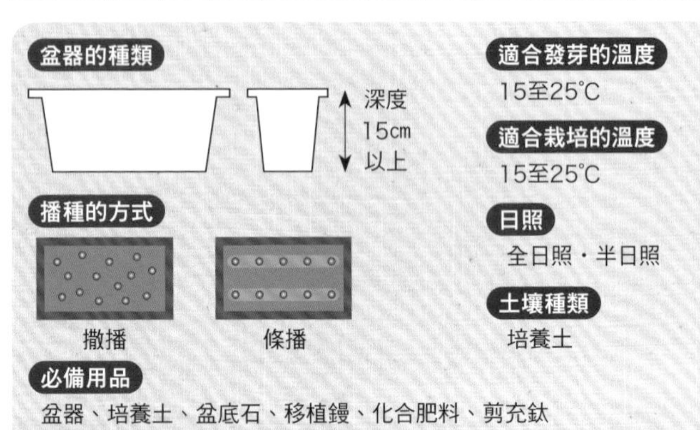

播種

1 選種

種子很小但容易發芽，初學者也可安心地栽種，建議在容易栽種的秋季播種。

2 播種

以撒播或條播方式，均匀地撒在盆器裡，間隔約1cm。

訣竅！

做好防蟲對策的話整年都可播種

昆蟲最活躍的5至8月期間不適合栽種葉菜類，但使用防蟲網的話，夏季也可栽種。在盆器的四角分別插上免洗筷後再罩上洗衣袋也OK。植物上出現害蟲時應立即捕殺。

3 覆土

薄薄地撒上可覆蓋種子的土壤後，以手掌或木板輕壓土壤表面。

4 悉心照料至發芽

播種後充分澆水，置於半日照環境中，發芽前請在土壤表面乾掉前就澆水。

訣竅！

發芽後移到光線充足的地方

播種後3至4天就會發芽。小松菜在半日照的環境中也能健康地成長，但發芽後應儘量移到陽光充足的場所。發芽後發現土壤表面乾掉時再充分澆水。

發芽後的照料

5 疏苗

葉子長到這個程度時必須疏苗，拔除顏色或形狀不佳的幼苗，以免和旁邊的葉子重疊。疏苗菜可作成小菜食用。

訣竅！

形狀不漂亮但營養味道俱佳 家庭菜園的醍醐味

疏苗菜也有豐富的營養，請留下來在料理時使用，不要丟棄。而藉由確實疏苗，保留下來的幼苗將會長得健康強壯。

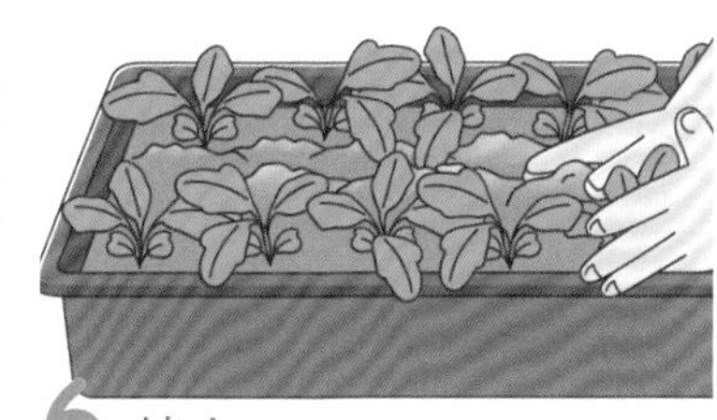

6 培土

避免保留的幼苗傾倒，朝幼苗基部培土，但要避免土壤蓋到生長點。

7 追肥

葉子變成淺綠色，生長狀況不佳時就需追肥，撒固體肥料時需稍微遠離植株。

8 疏苗

適時疏苗，拔除生長狀況較差的菜苗，避免與旁邊的菜苗重疊。

採收

9 從健壯的菜苗開始採收

菜苗長高至20至25㎝，長出8至10片葉子後，從顏色佳又健壯的菜苗開始採收。

10 正式採收

從植株基部收割或抓住植株基部後拔起，錯過採收時期葉柄會硬化，需留意。

藤田老師的建議

間遮擋光線以便種出美味可口的蔬菜

將小松菜或菠菜種在夜裡光線也很明亮的地方容易抽梗，種在陽台時請拉上窗簾遮擋光線。蔬菜若是抽梗或太晚採收，葉子長得太大，味道就會變差。

成功地打造盆植菜園的訣竅

每天檢查確認沒有遭到害蟲的侵擾

不只是小松菜，十字花科植物都是蚜蟲等害蟲的最愛。春季後天氣變暖，正是害蟲大舉出動的時期，必須格外留意。雖然架設防蟲網很有效，但還是必須每天觀察植物，確認植物的變化（是否有昆蟲啃咬的痕跡等）。害蟲通常體積很小又喜歡整群躲在葉子背面，必須仔細確認。想盡量避免蟲害的話，栽種時請避開高溫期。

小知識

小松菜的原產地為地中海沿岸地帶，據說日本人是從江戶時代開始吃小松菜。享保4年（1719年）德川吉宗於東京都戶川區的新小岩厄除香取神社用膳時，對於加在年糕湯裡的青菜讚不絕口，因而沿用小松川地名，將該青菜命名為「小松菜」。

必須留意的病蟲害

容易罹患的疾病

白銹病、露菌病

容易出現的害蟲

青蟲、蚜蟲、小菜蛾、夜盜蟲

耐乾燥又容易照料！

小番茄

分類：茄科

小番茄體質強健，抗病蟲害能力強，不太需要澆水與施肥，是容易種植的蔬果類植物。由於到了採收時期就能大量收穫，不管是作成沙拉或便當裡的小菜，每天都能派上用場。但要注意小番茄不耐濕，栽種時必須留意排水、通風與日照。

	1	2	3	4	5	6	7	8	9	10	11	12
栽　種				━	━	━						
照　料					━	━	━	━ 摘除側芽				
					追肥	━	━	━				
採　收							━	━	━			

澆水

耐乾燥，需控制澆水量

番茄原產於雨水較少的南美，特徵為耐乾燥。栽種時需避免太頻繁澆水，土壤乾掉後再充足地澆水吧！

肥料

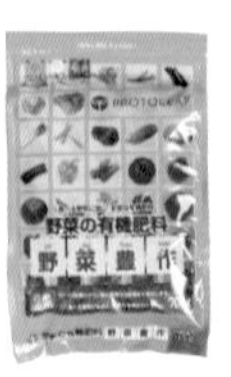

觀察成長狀況後適度地追肥

種在貧瘠的土地上也能健康地成長，少量施肥即可。開始開花後1週噴灑一次液態肥料，以及1個月兩次將固體肥料撒在植株基部，但需避免施用過度。

盆器的種類

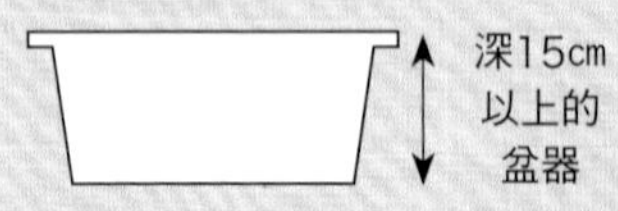

深15cm以上的盆器

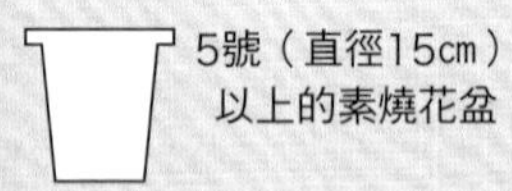

5號（直徑15cm）以上的素燒花盆

適合栽培的溫度
20至25℃

日照
全日照

土壤種類
培養土

必備用品
盆器、培養土、盆底石、化合肥料、支柱（輔助用70cm、主支柱1.5m）、固定用細繩

栽種

1 選苗

挑選葉面碩大，葉色深綠，莖部直挺的幼苗，已經長出花蕾的更好。

2 從盆器裡取出幼苗

以食指和中指夾住植株基部後拿在手上，然後將育苗盆倒過來，慢慢地取出幼苗。

3 栽種

淺淺地種入裝著培養土與基肥的盆器裡。

訣竅！

基肥宜少量 留意排水狀況

過度施肥或排水不良易引發疾病，所以基肥不宜過量，可將植株種淺一點後往基部培土，並確實做好排水工作。

4 整平土壤

將土壤撥向植株基部，充分澆水後，置於陰涼處2至3天。

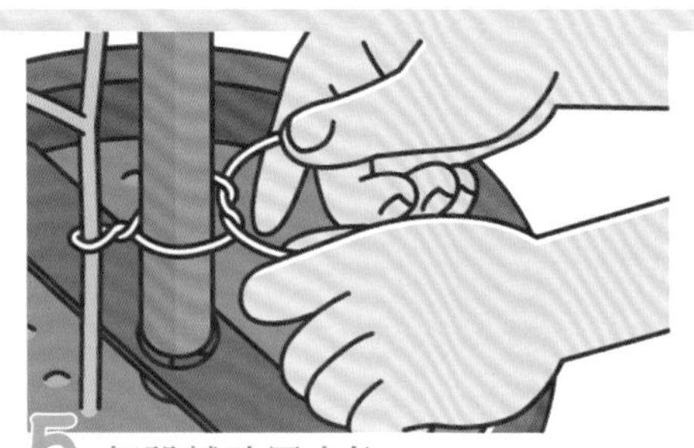

5 架設輔助用支柱

架設輔助用支柱後，利用細繩將幼苗與支柱固定。細繩繞過幼苗莖部後先交叉纏繞一下，再繞過支柱緊綁固定。

6 誘引

長出9至10片本葉後架立主支柱，再以細繩固定植株莖部與支柱數處，之後配合成長狀況適時增加固定處。

照料

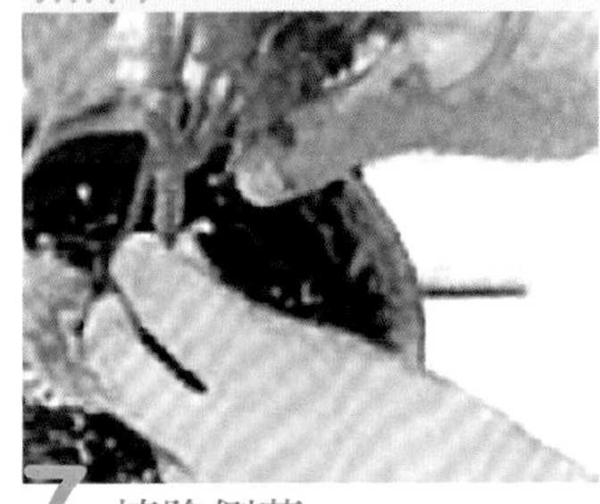

7 摘除側芽

以手指摘除由枝條基部長出的小側芽，生長階段必須適時地摘除側芽。

訣竅！

趁早摘除側芽以提昇採收量

摘除側芽後，養分會集中供給中央的枝條，可使植株更強健，結出更多的果實。而減少枝條促進通風也可有效預防疾病。

8 開花

栽種後30天左右就會開出黃色小花，輕輕晃動花朵會更容易結出果實。

9 追肥

開花後在澆水時噴灑稀釋過的液態肥料，或將固體肥料撒在植株基部吧！

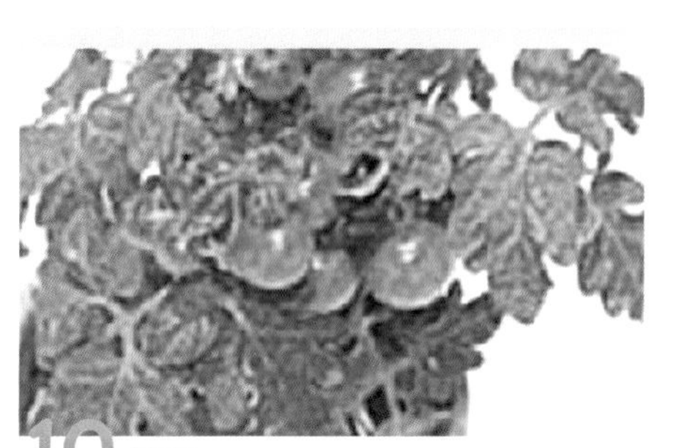

10 結果

開花後20天左右就會開始結出綠色的果實。

採收

11 採收

當小番茄轉變成紅色或黃色，完全成熟後即可採收，可整串剪下或用手一顆顆地摘下。

藤田老師的建議

想種出美味又健康的果實就必須摘除側芽

若不摘除側芽，就會長出大量的枝葉，重要的主枝就無法培養得很強壯。栽種小番茄時鎖定1根主枝培育，才能結出更多的果實，可見「摘除側芽」的重要性。避免傷到主枝，手指捏住側芽後橫向扳倒即可摘除。

成功地打造盆植菜園的訣竅

縱橫方向都架設支柱即可栽種2棵以上的幼苗

希望在一個盆器裡栽種2棵以上的幼苗時，必須配合幼苗分別架設縱向支柱，此時連橫向也加上支柱吧！只要等間隔設置，橫向支柱比縱向支柱細一點也OK。小番茄植株會漸漸長高，只有縱向支柱比較不牢靠，加上橫向支柱的支撐效果更好。而且枝條攀到橫向支柱上，既可避免植株長得太高，又可減輕風吹的影響，植株比較不會傾倒。

立即解開你的疑惑迷你Q&A！

Q 植株開花了但遲遲不結果，到底是為什麼呢？

A 溫度太低時容易出現植株開花卻不結果，莖、葉、花都長得很好卻無法成功受粉的現象，這種現象稱「不著果」，植物第一次開花時最容易出現此現象。建議開花後輕輕晃動花朵，進行簡單的人工授粉。

必須留意的病蟲害

容易罹患的疾病

白粉病、疫病、灰黴病、葉黴病

容易出現的害蟲

蚜蟲、薊馬、粉蝨

火鍋料理絕對不可或缺的冬季葉菜類蔬菜

水菜

分類：十字花科

可快速採收的蔬菜，只要避免缺水，在半日照環境也能健康地成長，適合種在盆器裡。水菜耐寒，但葉子易受霜害，冬季栽種時，建議在盆器四角插上免洗筷後再罩上塑膠袋，確實作好防霜工作。

	1	2	3	4	5	6	7	8	9	10	11	12
播　種												
照　料	防霜		疏苗				追肥					
採　收												

澆水

「水菜」應避免缺水

土壤表面乾掉時應充分澆水至盆器底部出水，但要注意過於頻繁澆水易引發疾病。

肥料

觀察成長狀況後適度地追肥

追肥時使用固體肥料或液態肥料皆可。使用固體肥料時，在長出4至5片本葉後撒上約10g；使用液態肥料時，每週一次於澆水時一併施用。

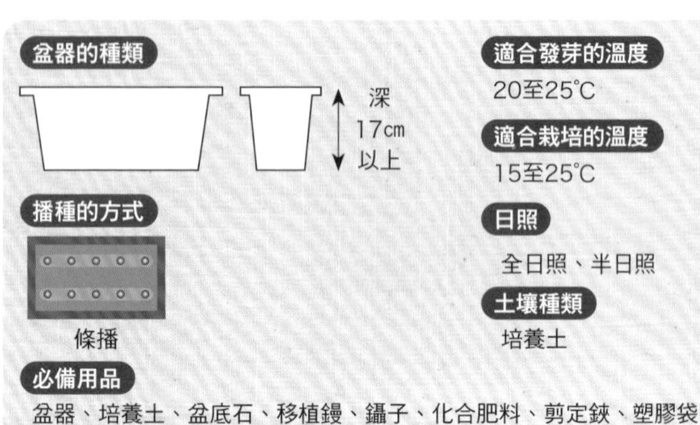

播種

1 選種

水菜可分為葉子較細的「沙拉用水菜」與葉片厚實寬闊的「闊葉京菜」。建議栽種可早日採收，植株較小的「沙拉用水菜」。

2 播種

盆器裝入已添加基肥的培養土後，在表面上輕輕壓出條溝，播種時避免種子重疊，覆土後充分澆水。

發芽後的照料

3 疏苗

長出1至2片本葉後疏苗，以葉子不會彼此碰觸到為準，之後配合生長狀況隨時疏苗。

4 追肥

長出4至5片本葉，植株高約10cm後，全面噴灑化合肥料，再整平植株基部的土壤。

採收

5 採收

植株高20至25cm，長出8至10片葉子時即可採收，可從植株基部收割或抓住植株基部後拔起。

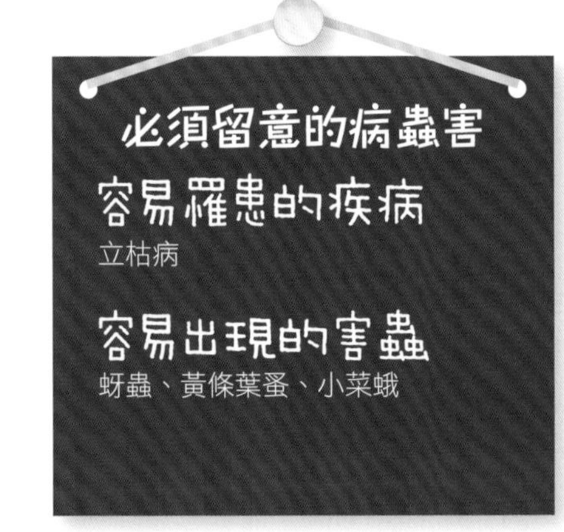

1個月就能採收紅通通的蘿蔔

櫻桃蘿蔔

分類：十字花科

如同別名「二十日蘿蔔」，是容易栽培且短時間就能採收的蔬菜。喜歡涼爽的氣候，春秋都很適合播種。根部變紅，長大至2cm左右時就能採收，太晚採收根部纖維會變粗不好吃，建議及早採收。

	1	2	3	4	5	6	7	8	9	10	11	12
播 種				春播					秋播			
照 料			追肥			疏苗			追肥		疏苗	
採 收				春播					秋播			

澆水

播種後充分地澆水

播種後充分澆水至盆器底部出水，發芽後等土壤表面乾掉再充分澆水。

肥料

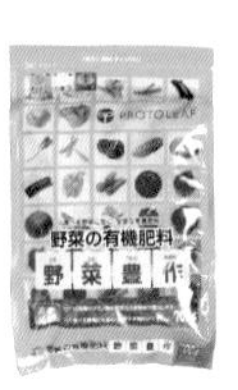

長出3至4片本葉後追肥

追肥時使用固體肥料或液態肥料皆可。使用固體肥料時，標準尺寸的盆器一次撒上約10g；使用液態肥料時，每週一次於澆水時一併施用。

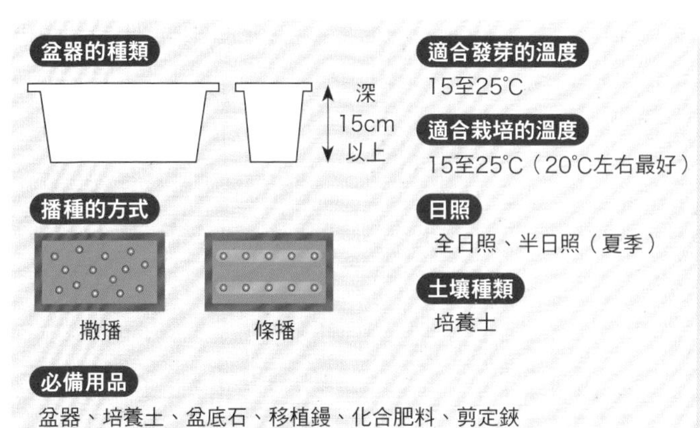

盆器的種類

深15cm以上

播種的方式

撒播、條播

必備用品

盆器、培養土、盆底石、移植鏝、化合肥料、剪定鋏

適合發芽的溫度

15至25℃

適合栽培的溫度

15至25℃（20℃左右最好）

日照

全日照、半日照（夏季）

土壤種類

培養土

播種

1 選種

櫻桃蘿蔔容易發芽，建議挑選形狀完整，顆粒較大的種子。

2 播種

盆器裝入有基肥的培養土後，以條播或撒播方式播種，覆土後充分澆水。

發芽後的照料

3 疏苗

長出2至3片本葉後隨時疏苗，拔除植株小、形狀差的幼苗，保持葉子不會彼此碰觸到的程度。

4 加土

疏苗後發現幼苗不穩固時，必須往植株基部加土。

採收

5 採收

根部長大出現在土壤表面時即可採收，捏住葉柄基部後拔出。

必須留意的病蟲害

容易罹患的疾病

病毒、軟腐病、黑腐病、白銹病

容易出現的害蟲

青蟲、蚜蟲、黃翅菜葉蜂、小菜蛾

留下根部就會繼續發芽的便利辛香料

淺蔥

分類：百合科

不以種子而是以球根來培養，由於綠色的部分顏色比一般的蔥來得淺，所以稱為「淺蔥」。採收時留下基部就會再次長出新芽，2至3年內可多次採收，是很方便的蔬菜。

	1	2	3	4	5	6	7	8	9	10	11	12
栽　種									━	━		
照　料		追肥	━	━	━ 2～3年後分株							
採　收			━	━	━					━	━	━

澆水

置於陰涼處至發芽為止

栽種後充分澆水，置於陰涼處2至3天。發芽後等土壤表面乾掉再充分澆水。

肥料

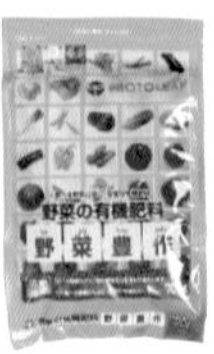

追肥即可採收無數次

植株長高到8至10cm與採收後可追肥。使用固體肥料時，若為標準尺寸的盆器，一次撒上約10g；使用液態肥料時，每兩週一次於澆水時一併施用。

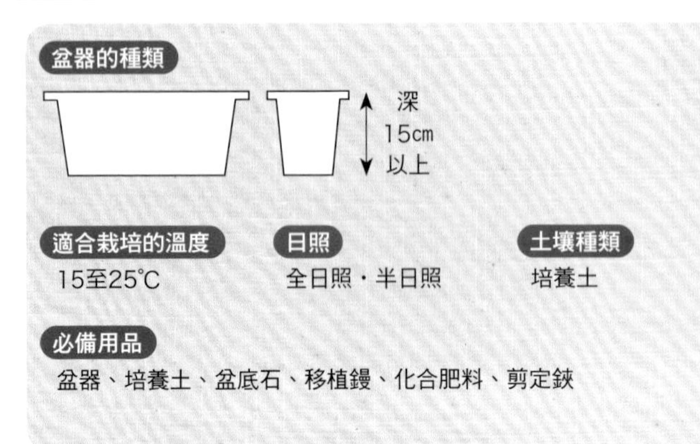

盆器的種類

深15cm以上

適合栽培的溫度

15至25℃

日照

全日照・半日照

土壤種類

培養土

必備用品

盆器、培養土、盆底石、移植鏝、化合肥料、剪定鋏

栽種

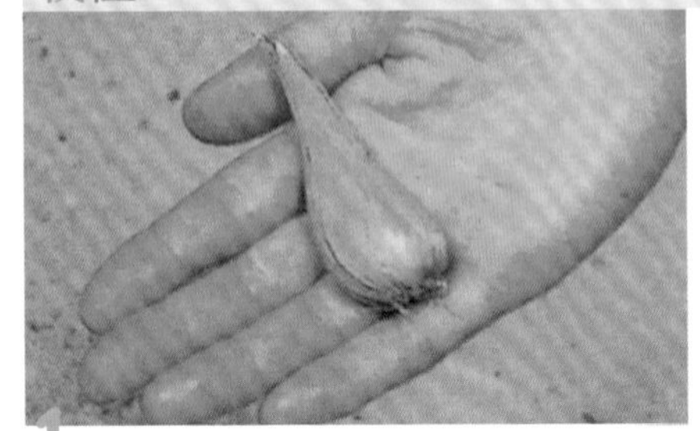

1 挑選球根

建議在8月下旬時前往園藝店選購大小適中的健康球根。

2 栽種

盆器裝入土壤後，挖出3至5cm的栽培孔，球根芽點朝上種下，一次栽種2至3顆，覆土後充分澆水。

採收

3 採收

長高30㎝後從植株基部5公分處收割，追肥後會再長出新芽，可再次採收。

4 開花

初夏時會開出粉紅色的小花，可作為食用花來點綴餐桌。

5 分株

經過2至3年，植株長大後可於5月份挖出球根，將球根放置乾燥至秋季再分成數小球栽種，即可培養成新株。

必須留意的病蟲害

容易罹患的疾病

銹病、露菌病

容易出現的害蟲

蚜蟲、薊馬、蔥小蛾、夜盜蟲、根蟎

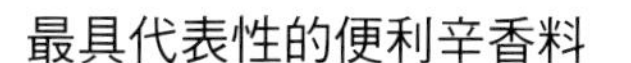
最具代表性的便利辛香料

紫蘇

分類：唇形花科

要從種子栽培起必須做好難度較高的溫度控管，建議初學者從幼苗開始栽培。摘芯後會陸續長出新芽，分出更多枝條，所以栽種2至3株就夠了。除葉子外，花朵、嫩芽、果實甚至是莖部都能吃，是經濟效益很高的植物。

	1	2	3	4	5	6	7	8	9	10	11	12
栽 種				■	■	■						
照 料				追肥	■	■	■					
採 收						■	■	■				

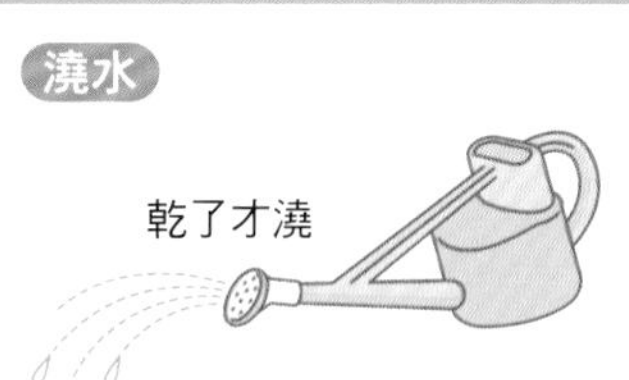

土壤乾掉時充分地澆水

只要栽種後置於陽光充足的場所並充分澆水，之後就算置於半日照的場所也能健康地成長，等土壤表面乾掉後再充分澆水即可。

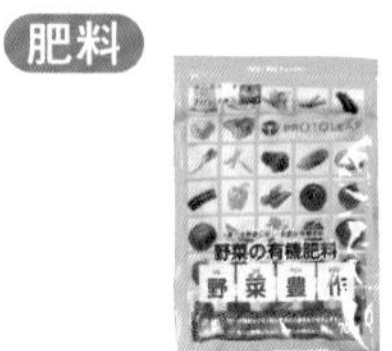

不能中斷施肥

長出7至8片本葉後，使用固體肥料時，若為標準尺寸的盆器，一次撒上約10g；使用液態肥料時，每週一次於澆水時一併施用。

盆器的種類

深15cm以上

適合發芽的溫度

20至25℃

適合栽培的溫度

20～30℃

日照

全日照、半日照

土壤種類

培養土

必備用品

盆器、培養土、盆底石、移植鏝、化合肥料、剪定鋏

栽種

1 選苗

4月時園藝店就會開始販售幼苗，建議挑選色澤深綠，葉子及莖部都很健康的幼苗。

2 栽種

在盆器中的土壤表面挖好栽植穴後，由育苗盆裡取出幼苗種下，最後整平土壤充分澆水。

照料

3 摘心

植株長高至30㎝後剪掉主枝頂端，枝葉的生長數量會增加，可提昇採收量。

採收

4 採收

植株長高至30至40㎝即可依需求採收，從大的葉子開始採收吧！

5 採收紫蘇花穗

花穗開花至⅓左右時就是採收的好時機，花和種子都能食用。

6 採收紫蘇種子

當一朵花穗只剩下2至3朵花時，即可抓住花穗，以手指搓出種子。

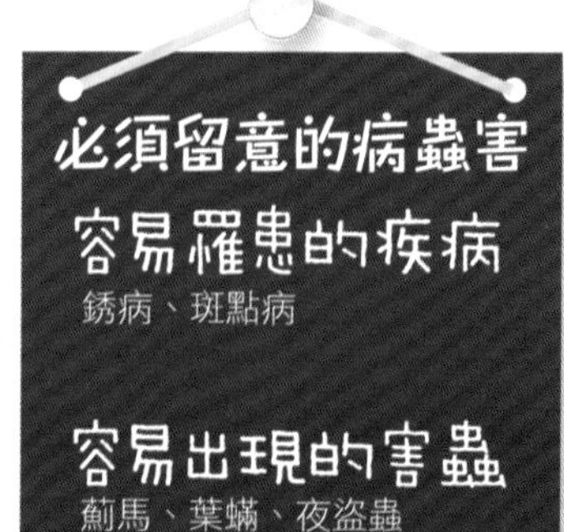

以現摘的薄荷沖泡清新的香草茶

薄荷

分類：唇形花科

可廣泛用於烹調菜餚、製作糕點、沖泡香草茶。且體質強健，栽種後會不斷增生，是最適合初學者栽種的香草植物。可分為香氣柔和的綠薄荷、散發蘋果香的蘋果薄荷、清涼感十足的野薄荷等各式各樣的品種。

	1	2	3	4	5	6	7	8	9	10	11	12
栽　種			春植					秋植				
照　料		追肥		摘芯					修整			
採　收												

澆水

避免土壤過於乾燥

薄荷喜歡較潮濕的土壤，建議在土壤乾燥前就澆水，在半日照環境下也能健康成長。

肥料

大量採收後需施禮肥

種在盆器時，摘芯時期需2星期施肥一次，可於澆水時噴灑液態肥料，但噴灑氮肥時宜少量。大量採收或修整後建議施用2至3g的固體肥料。

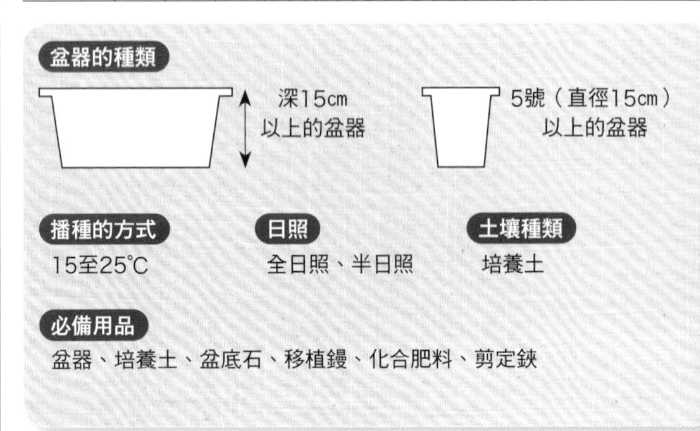

盆器的種類

深15cm以上的盆器

5號（直徑15cm）以上的盆器

播種的方式

15至25℃

日照

全日照、半日照

土壤種類

培養土

必備用品

盆器、培養土、盆底石、移植鏝、化合肥料、剪定鋏

栽種

1 選苗

由於有許多品種，先依據用途決定適合的品種後，再挑選葉色及香氣俱佳的健康幼苗。

2 栽種

盆器裝入土壤後挖好栽植穴，從育苗盆裡取出幼苗後種下，植株基部可種高一點以促進排水。

3 整平土壤

確實地整平土壤表面以穩定植株，固定後充分澆水，置於陰涼處2至3天。

照料

4 摘心

植株中心的莖長高後，將頂端摘除。摘心後側芽就會長成枝條，枝葉會更茂盛。

採收

5 採收

可適時地採收葉子，開花前的葉子軟嫩，香氣怡人。

6 開花

春夏期間抽穗後陸續開出白色、粉紅色或淺紫色的花。

7 摘花

只使用葉子部分時，建議盡早將花摘除，避免葉子老化變硬。

8 照料&修整

枝條太長時，即便沒有要採收，也得適當修剪以促進通風。

9 換盆

由於薄荷生長茂盛，1年需換盆一次，可換成較大的盆器並加入新土繼續栽種或是分株。

10 分株

挖出植株後分成小株，修剪老化的莖與根，再將3至4小株一起種入一個盆器內。

（扦插時）

從植株基部剪下看起來很健康的枝條，摘掉下方2節的葉片後直接種在新的盆器裡也OK。

訣竅！

有發根（→P.29）就不易失敗

剪下枝條後插入裝水的瓶罐等容器裡，發根後即可作為插枝用，栽種後較不易枯死。2至3天換一次水，等上7至10天左右，讓根生長後即可栽種。

藤田老師的建議

避免根部太擁擠 需適度採收

薄荷是繁殖能力非常強的香草，種在庭園裡，不知不覺就長了一大片……甚至經常聽到有人這麼說。由於盆器容量有限，需要換盆種到更大型的盆器內或是分株，才能避免根部過度擁擠。此外由於植株會不斷向上成長，建議栽種過程中要適度地採收。

成功地打造盆植菜園的訣竅

梅雨&夏季時必須多花些心思照料

雖然薄荷不需要花太多心思照料，但最怕炎熱的夏日和潮濕的梅雨季，因此夏季時最好移動到陽光直射不到的場所，薄荷原本就是在半日照環境下也能健康成長的植物，所以種在光線差一點的地方也沒關係，潮濕季節時只要加強通風即可。

小知識

雖然都叫「薄荷」，但薄荷其實有很多品種，最常見的品種為綠薄荷或胡椒薄荷，其他品種如散發果香的香蕉薄荷、鳳梨薄荷等，薄荷的花也因品種而不同，不妨多栽種幾個品種看看。

必須留意的病蟲害

容易罹患的疾病

銹病

容易出現的害蟲

夜盜蟲、細蟎

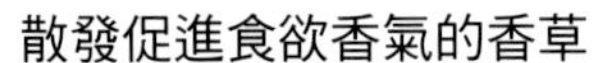

散發促進食欲香氣的香草

羅勒

分類：唇形花科

烹調義式料理時必備的香草，和番茄、蒜頭最對味。好高溫，夏季時會隨著氣溫上升而長得很茂盛。摘心或修整後將枝條插入土裡，就能輕鬆繁殖。大量採收後可風乾做成青醬後保存。

	1	2	3	4	5	6	7	8	9	10	11	12
播種・栽種				播種			栽種					
照　料					摘芯 追肥				修整 扦插			
採　收												

澆水

炎熱時應避免缺水

栽種後充分澆水，之後只要發現土壤乾掉就立即澆水，炎熱的夏季更不能缺水。

肥料

充分追肥就能栽培得很健康

栽種至幼苗穩定後再施肥，每2週一次於澆水時噴灑液態肥料。疏苗、大量採收或修整後可撒上約10g的固體肥料。

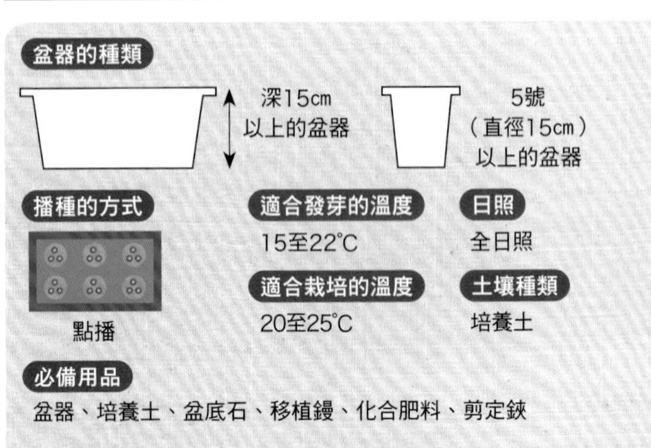

盆器的種類

深15cm以上的盆器

5號（直徑15cm）以上的盆器

播種的方式

點播

適合發芽的溫度

15至22℃

適合栽培的溫度

20至25℃

日照

全日照

土壤種類

培養土

必備用品

盆器、培養土、盆底石、移植鏝、化合肥料、剪定鋏

栽種

1 選苗

挑選莖部粗壯，葉片間隔較短，葉色深綠的健康幼苗。

2 栽種

從育苗盆裡取出幼苗，以手輕輕撥鬆底部土壤後，種在已挖好栽植穴的盆器裡，植株基部稍微種得高一點。

3 整平土壤

確實整平土壤避免植株晃動，充分澆水後置於陰涼處2至3天。

照料

4 摘心

中心枝條長高至20至25㎝後摘除頂端的嫩芽，讓側芽成長，之後視植株整體的生長狀況適時摘心。

5 追肥

幼苗穩定，約長出10餘片葉子時開始每週噴灑1次液態肥料。

採收

6 採收

植株長高至30㎝以上時，採收頂端的嫩葉。

7 摘花

6月左右開始開花，此時葉子鮮嫩又充滿香氣，適合採收。由於開花後葉子會變硬，可採收的量會減少，建議盡早將花摘除。

8 禮肥

8月時從將植株從基部高約15cm處剪下，再將固體肥料撒在植株基部。

9 長根

將剪下的枝條插入乾淨的水中放置幾天，長出根後就能作為新的植株繼續栽種。

（從種子栽培時）

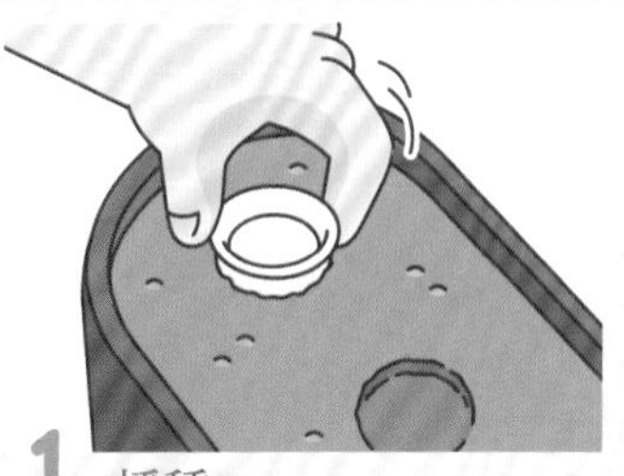

1 播種

挖好間隔10至15cm，深1cm的栽植孔，避免種子重疊，以點播方式撒上7至8粒種子後覆上一層薄薄的土。

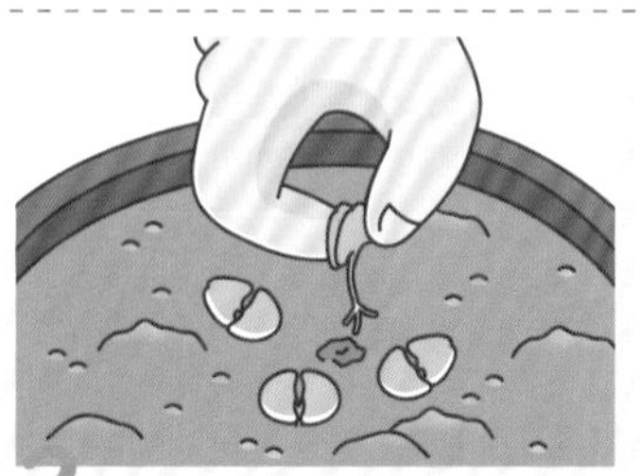

2 發芽・疏苗

經過約10天，種子都發芽後拔掉較小的幼苗，每處約留下3株即可。

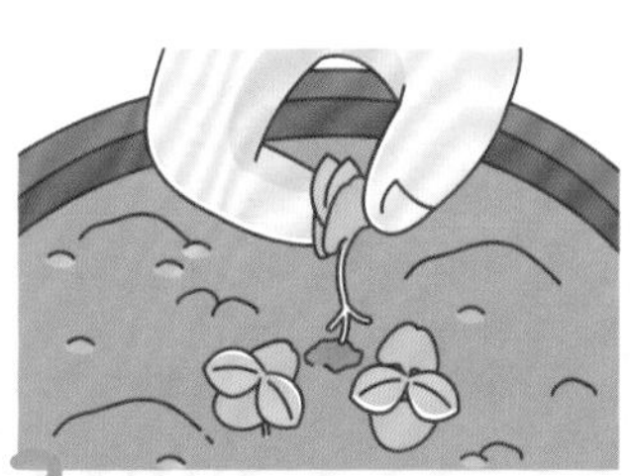

3 疏苗・追肥

長出1至2片本葉後再疏苗，每處留下2株健康的幼苗後撒上固體肥料。

4 培土

長出3至4片本葉後撒上固體肥料，肥料與土壤混合後，往植株基部培土。

藤田老師的建議

栽種多年生品種時必須留意冬季的氣溫

一年生甜羅勒是目前最普遍拿來栽種的品種，其實羅勒也有多年生品種，如非洲藍羅勒等，就是氣溫下降時葉片會呈藍紫色的多年生草本羅勒。藍羅勒的特徵為葉子不是常見的綠色，而是深紫色。栽培多年生草本羅勒，天氣寒冷時必須格外留意，應避免置於0℃以下過冬。而無論是一年生或多年生品種，透過插枝就能輕易繁殖，皆可長久地享受栽培的樂趣。

成功地打造盆植菜園的訣竅

作好防乾燥&防寒工作植物就能健康成長

羅勒繁殖力強，連大部分植物會變得衰弱的夏季都能健康成長，是不太需要費心照料的植物。但不耐乾燥與寒冷，甚至可能會因為太冷而枯死，需充分澆水避免過度乾燥。

應用訣竅

羅勒為烹調義式料理不可或缺的食材，不論是做成醬料或是淋上油都很美味，當然也可直接將新鮮的羅勒加在料理上，用來泡香草茶味道也很清新舒爽。由於羅勒有促進消化的效果，推薦餐後食用。栽培期間可藉由摘心大量採收，多試試各種不同用法吧！

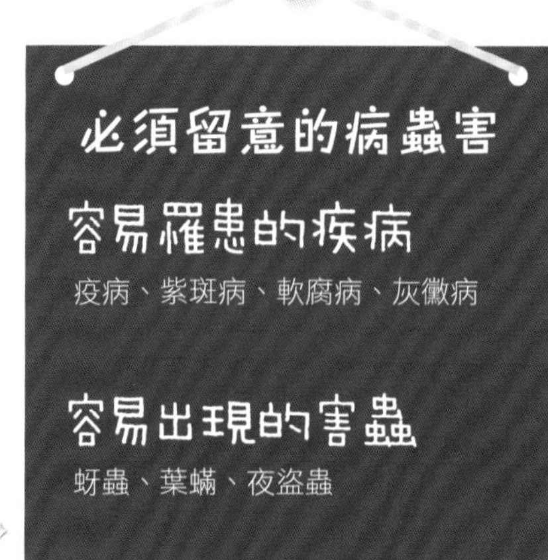

必須留意的病蟲害

容易罹患的疾病

疫病、紫斑病、軟腐病、灰黴病

容易出現的害蟲

蚜蟲、葉蟎、夜盜蟲

最適合襯托魚肉料理的優秀配角

百里香

分類：唇形花科

百里香用來搭配魚、肉料理最能襯托出食材的滋味，由於容易生長得很茂盛，建議勤快地連枝條一起採收，好讓新芽生長。而將修剪時已木質化的茶色枝條插入土裡，很快就會發根，可輕易增加植株。

	1	2	3	4	5	6	7	8	9	10	11	12
栽　種			━	━	━	━	━	━	━	━		
照　料（修整）									━	━	修整	
照　料（追肥）			追肥	━	━	━	━	━	━	━	━	━
採　收	━	━	━	━	━	━	━	━	━	━	━	━

澆水

控制水分，土壤乾掉再澆水

雖然栽種後需充分澆水，但百里香不喜歡濕氣，需要控制澆水量，等土壤完全乾掉再澆水吧！

肥料

必須控制施肥量

栽種前施用基肥，約1個月追肥1次，適量地噴灑稀釋過的液態肥料。修整後可將2至3g的固體肥料撒在植株基部。

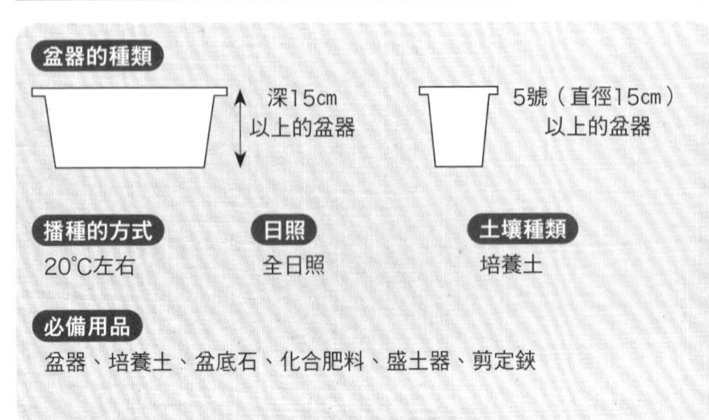

盆器的種類

播種的方式
20℃左右

日照
全日照

土壤種類
培養土

必備用品
盆器、培養土、盆底石、化合肥料、盛土器、剪定鋏

栽種

1 選苗

配合目的挑選，直立生長與爬地生長的品種，建議選擇較不佔空間的直立生長品種。

2 栽種

植株基部稍微種高一點，栽種後整平土壤充分澆水，置於半日照環境中2至3天。

採收

3 採收

莖葉長長後，從生長得較密的部分開始，連枝條一起採收。

4 換盆・強剪

植株長大後移植至較大的容器中。枝條變成茶色後從植株基部剪斷（強剪）。

5 開花

6月至8月時開花。若以採收莖葉為主，由於開花後香氣會減弱，最好趁花芽未開時摘除。

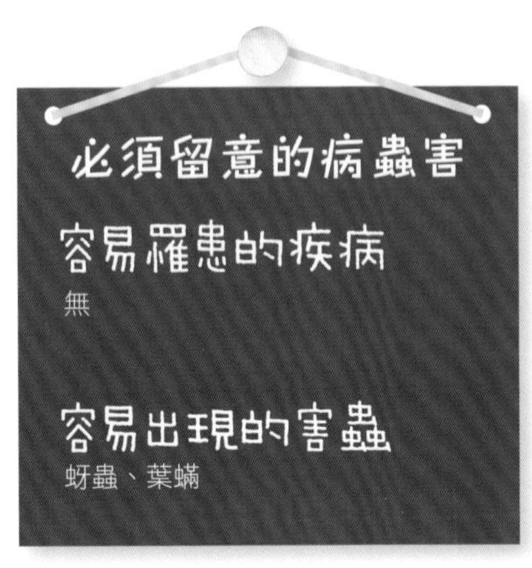

必須留意的病蟲害

容易罹患的疾病

無

容易出現的害蟲

蚜蟲、葉蟎

濃郁香氣可引出魚料理美味的香草

蒔蘿

分類：繖形花科

適合搭配魚料理或製作香草醋的香草，植株可高達1m，由於屬直根性植物，不適合換盆移植，建議一開始就種在較大的盆器。易與同為繖形花科的茴香雜交，應避免種在鄰近處。

	1	2	3	4	5	6	7	8	9	10	11	12
栽種			春植━	━	━				秋植━	━		
照料			追肥━	━	━				追肥━	━		
採收				春植━	━	━	━				秋植━	━

澆水

澆水至盆底出水

喜歡陽光充足的環境，但不耐乾燥，栽種後需充分澆水，栽培過程中也不能缺水，土壤表面乾掉時請充分澆水至盆器底部出水。

肥料

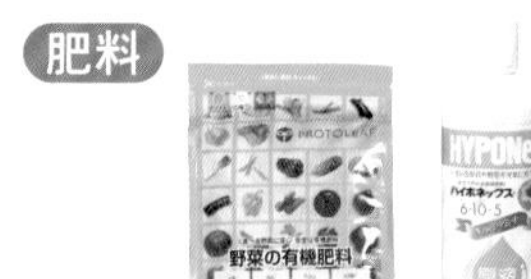

春秋季需控制施肥量

栽種前施用基肥，3至5月、9至10月時追肥，使用液態肥料時，每2週一次於澆水時噴灑，使用固體肥料時，每月一次將約10g的肥料撒在植株基部。

盆器的種類

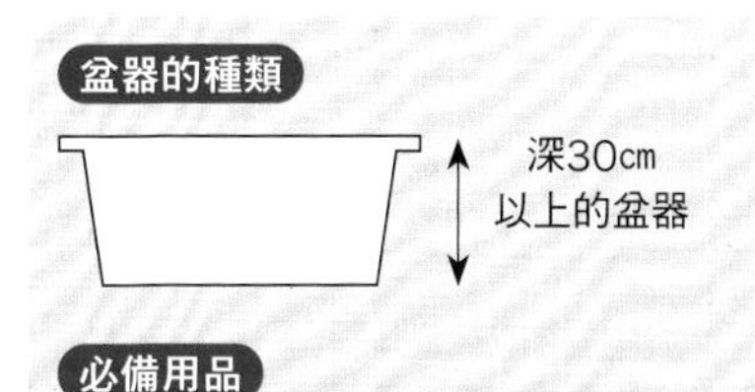

適合發芽的溫度

15至20℃

日照

全日照

必備用品

盆器、培養土、盆底石、化合肥料、移植鏝、剪定鋏

土壤種類

培養土

栽種

1 選苗

前往園藝店選購葉色佳的健康幼苗，栽種時要注意不要破壞根部的土壤。

採收

2 採收

葉子生長得越來越茂盛時即可採收嫩葉，由於容易乾燥，採收要食用的分量就好。

3 開花

5至7月間開花，由於開花時葉子會變硬，秋季栽種的話採收期較長。

4 採收花穗

蒔蘿花亦可食用，如製作香草醋等。採收時小心不要傷到留下的枝條。

5 採收種子

花謝後即可將轉變為茶色的花房整個摘下，擺在陰涼處乾燥後取出種子保存，種子亦可食用。

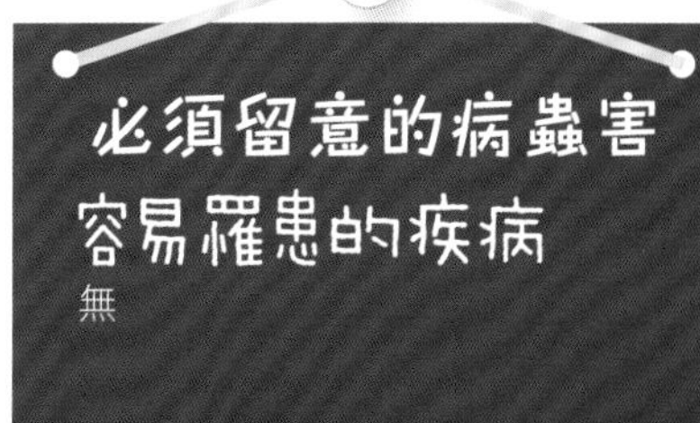

必須留意的病蟲害

容易罹患的疾病

無

容易出現的害蟲

黃鳳蝶

只要掌握訣竅，就算是種在田裡的各種蔬菜也能在盆器裡大豐收。
重點是要挑選適合植物根部生長的容器與持續施肥。
小黃瓜或蘿蔔就試著栽種小巧的迷你品種看看吧！

栽培行事曆

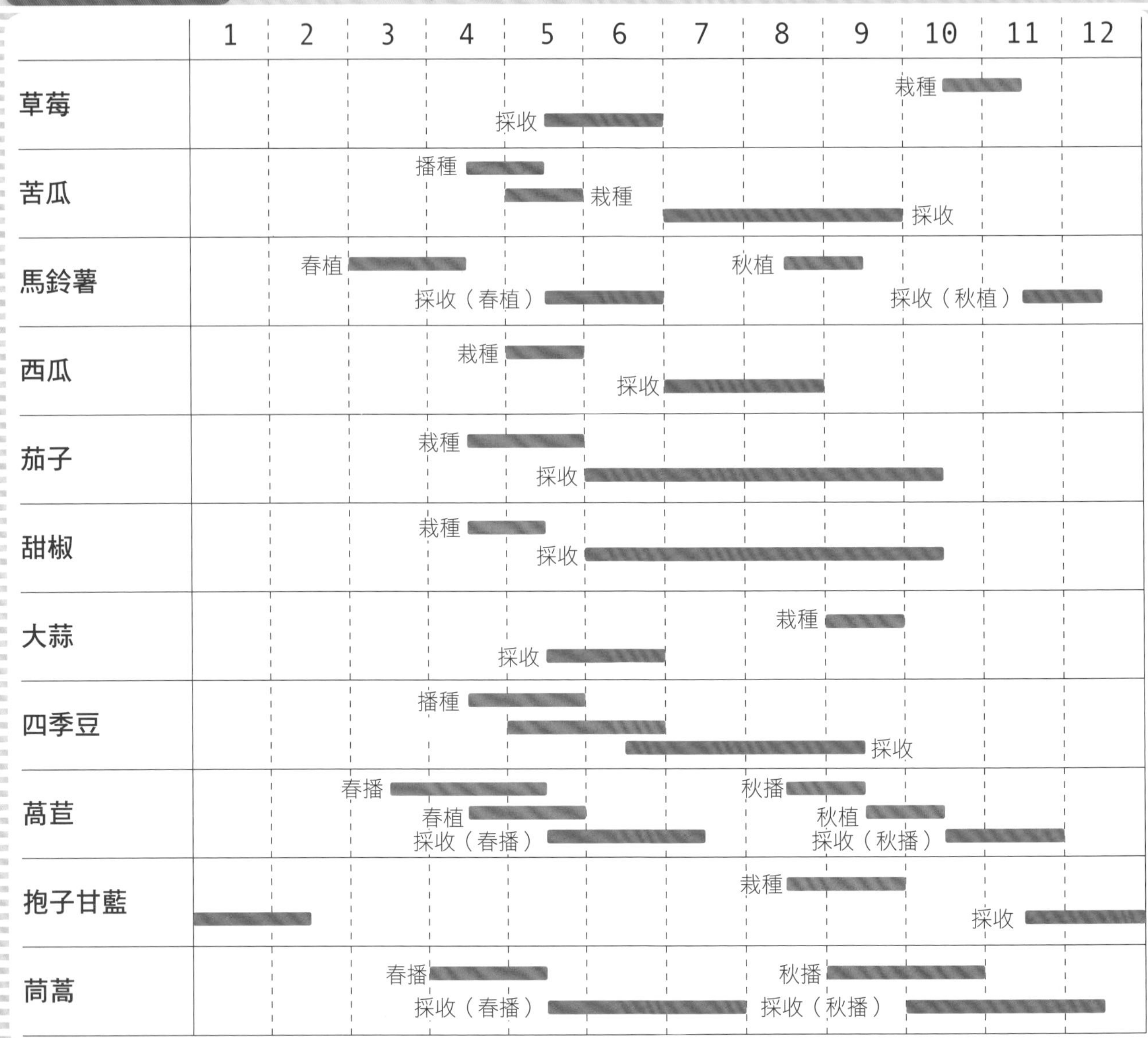

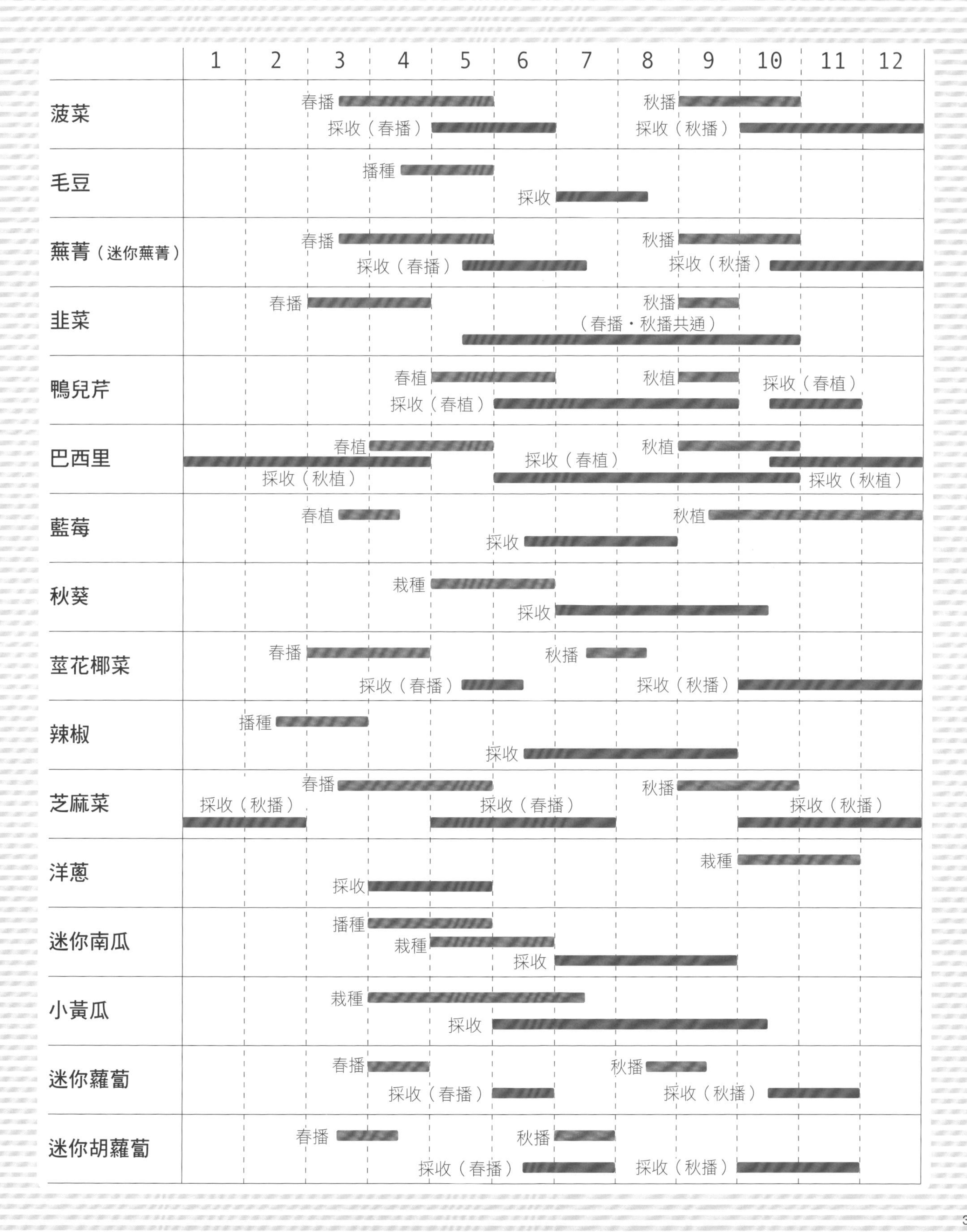
1 2 3 4 5 6 7 8 9 10 11 12
菠菜
春播
秋播
採收（春播）
採收（秋播）
毛豆
播種
採收
蕪菁（迷你蕪菁）
春播
秋播
採收（春播）
採收（秋播）
韭菜
春播
秋播
（春播・秋播共通）
鴨兒芹
春植
秋植
採收（春植）
採收（春植）
巴西里
春植
秋植
採收（春植）
採收（秋植）
採收（秋植）
藍莓
春植
秋植
採收
秋葵
栽種
採收
莖花椰菜
春播
秋播
採收（春播）
採收（秋播）
辣椒
播種
採收
芝麻菜
春播
秋播
採收（秋播）
採收（春播）
採收（秋播）
洋蔥
栽種
採收
迷你南瓜
播種
栽種
採收
小黃瓜
栽種
採收
迷你蘿蔔
春播
秋播
採收（春播）
採收（秋播）
迷你胡蘿蔔
春播
秋播
採收（春播）
採收（秋播）

富含維生素C的大紅色果實

草莓

分類：薔薇科

使用盆器就能輕易栽種的水果，秋天種下幼苗後過冬，隔年的5至6月時即可採收。而且只要栽種一次後就會經由走莖長出子株，可作為隔年的幼苗。

	1	2	3	4	5	6	7	8	9	10	11	12
栽　種										—	—	
照　料	—	—	—	— 追肥								
採　收					—	—						

澆水

休眠期也別忘了澆水

草莓喜歡稍微濕潤的土壤，寒冷期間進入休眠期後，一個月充分澆水2至3次吧！其他時期也應勤快地澆水，避免土壤太乾燥。

肥料

追肥三次以便結出碩大的果實

需分別在過冬、開花、開始結果時追肥，共三次。使用固體肥料時一次撒10g左右，稍與土壤混合後往植株基部培土。

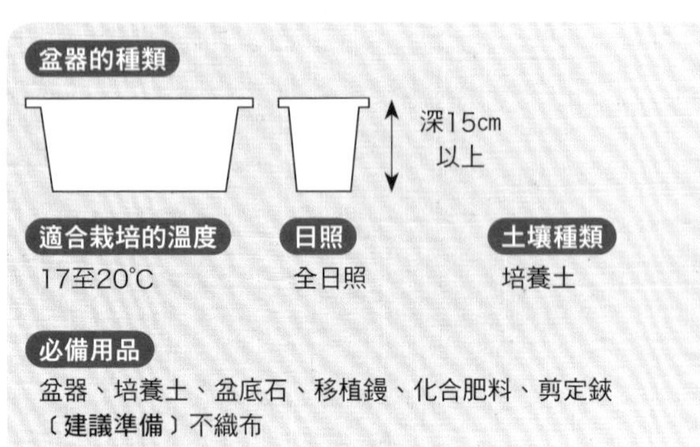

盆器的種類

深15cm以上

適合栽培的溫度

17至20℃

日照

全日照

土壤種類

培養土

必備用品

盆器、培養土、盆底石、移植鏝、化合肥料、剪定鋏

〔建議準備〕不織布

栽種

1 選苗

挑選葉面寬大，葉色深綠，有長伸走莖的健康幼苗。

訣竅！

挑選可在露地栽培的品種

以盆器栽種草莓時，建議選種露地栽培用的寶交早生或Danner等品種。而且草莓容易患病，選擇有標示無菌栽培的「無病毒」幼苗更好。

2 栽種

將走莖每間隔20㎝切斷後調整為同一個方向，採用淺植方式，以土壤微微蓋住植株基部的莖部。

3 澆水

往植株基部培土後用手輕壓土壤，並充分澆水至盆器底部出水為止。

照料

4 開花・追肥

3月底時會開出白色花朵，輕輕晃動花朵促進雄蕊與雌蕊受粉，並進行第1次追肥（固體肥料）。

5 結果

花謝後會結出綠色小果實，此時進行第2次追肥（固體肥料）。

6 果實變紅

開花後30天左右，果實就會開始變紅。果實變紅後易成為鳥類的目標，可覆蓋不織布來防範。

訣竅！

變紅的果實是鳥類的最愛

果實本來就容易成為鳥類的目標，果實變紅後危險度更高。盆器若直接擺在陽台上，栽種的果實很有可能轉瞬間就會被鳥兒吃下肚了，請參考P.15試著作好防鳥對策。

採收

7 採收

利用剪刀由蒂頭上方剪下，一粒粒地採收已經熟透的大紅色果實。

採收後的照料

8 切斷走莖

走莖長長後先不剪斷，將子株兩側以石頭壓住，待子株發根，再將走莖保留2至3㎝後剪斷。

訣竅！

利用走莖繁殖草莓幼苗

走莖長長後就會生出許多子株，是繁殖草莓的好時機。利用走莖就能輕易增加幼苗，繼續享受栽培草莓的樂趣。

9 修剪下葉

修剪老化的下葉，讓植株基部更通風，亦可促進新葉的成長。

10 過冬

寒冷期必須鋪上稻草或其他覆蓋物，1至2個月追肥（固體肥料）一次，並勤快地摘除枯葉避免患病。

藤田老師的建議

挑戰人工授粉以促進結果

就算辛苦地將植株栽培長大，開花後若未能自然授粉，就會無法結果而枯死。雖然草莓不是難以自然受粉的植物，但若擔心結不出果實，那就試著挑戰人工授粉吧！只要利用柔軟的毛筆刷一下花朵的中央（雄蕊）後抹在雌蕊上即可，作法非常簡單，不妨輕鬆地試試看。

成功地打造盆植菜園的訣竅

連作應以3至4年為限

雖然草莓可以利用走莖繁殖，但持續栽種，採收量可能會越來越少。畢竟栽種越多年，患病機率越高，植株也會漸漸地失去活力，因此繁殖到一個程度後，建議再以其他母株開始栽培，約3至4年更換一次。

立即解開你的疑惑 迷你Q&A！

Q 我以為栽種草莓不能太乾燥，所以一直澆水，最近卻發現植株病厭厭的，是為什麼呢？

A 草莓植株的確不耐乾燥，需要充分澆水，但澆太多水容易引發腐根病，不能天天都大量地澆水，等土壤表面乾掉時再澆水吧！

必須留意的病蟲害

容易罹患的疾病

白粉病、炭疽病、灰黴病、軟腐病

容易出現的害蟲

蚜蟲、溫室粉蝨、蟎類、斜紋夜蛾

不會敗給酷暑的夏季健康蔬菜

苦瓜

分類：瓜科

GOYA為沖繩方言，意思是「苦澀的瓜」，主要食用部分為未成熟的果實，果肉有獨特的苦味而被稱為苦瓜。由於過了採收期果實就會成熟變成黃色，營養價值也會下降，建議及早採收。植株耐高溫，喜歡陽光直射的環境。

	1	2	3	4	5	6	7	8	9	10	11	12
播 種				━	━ 栽種							
照 料		摘芯・架設支柱（補強）				━	━ 追肥	━				
採 收							━	━	━			

澆水

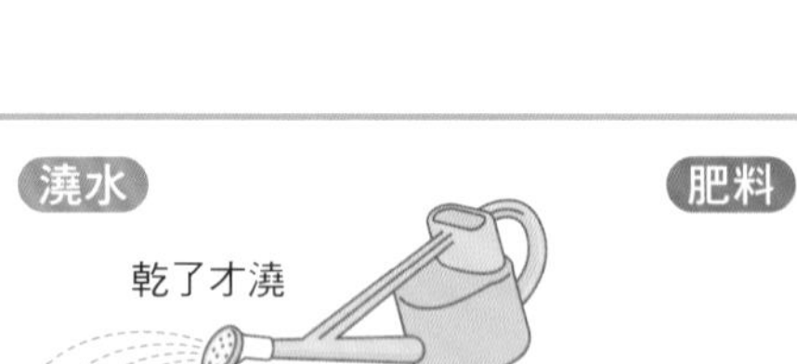

土壤乾了再充分澆水

栽種後充分澆水至盆器底部出水，置於陰涼處2至3天，之後就等土壤乾掉後再充分澆水。

肥料

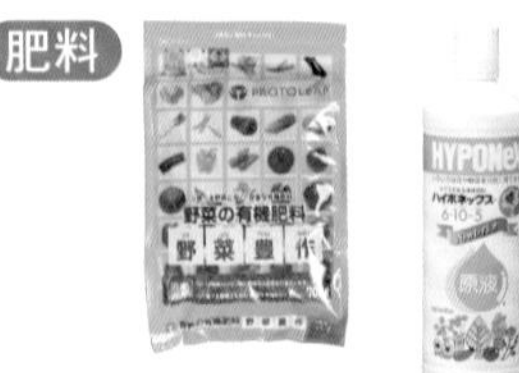

結果後開始追肥

苦瓜的結果期間很長，應避免肥料供應不足，在結出第一顆苦瓜後，可每7天一次，於澆水時噴灑液態肥料。

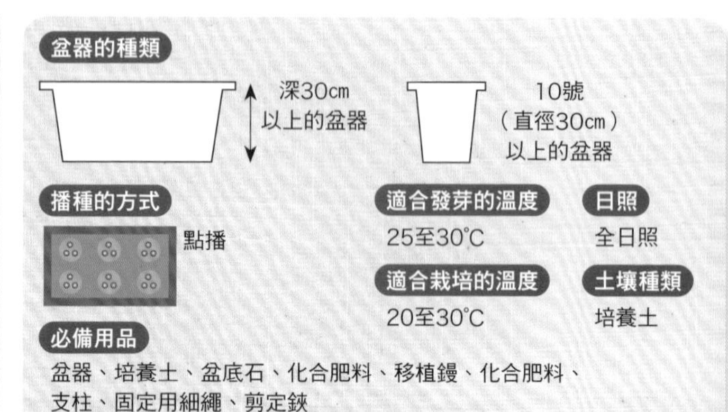

盆器的種類

深30cm以上的盆器

10號（直徑30cm）以上的盆器

播種的方式

點播

適合發芽的溫度

25至30°C

日照

全日照

適合栽培的溫度

20至30°C

土壤種類

培養土

必備用品

盆器、培養土、盆底石、化合肥料、移植鏝、化合肥料、支柱、固定用細繩、剪定鋏

〔建議準備〕園藝用網子

栽種

1 選苗、栽種

挑選莖部粗壯，已長出數片深綠色葉子，子葉還存在的幼苗。

照料

2 架設支柱

先架設支柱，再將細繩繞成8字型後固定植株。

3 摘心

長出7至8片本葉後剪掉主藤尾端，促使植株長出子蔓（側芽）。葉子彼此重疊時也需適當摘除。

4 補強支柱

加上園藝用網或增加2根支柱，架設成三腳狀予以補強。架設一整面的支柱也OK。

訣竅！

打造綠色窗簾

將栽種苦瓜的缽盆擺在窗台上，再將園藝材料行買回來的網子等掛在窗戶上並固定好支柱，等網子上爬滿苦瓜蔓藤後，可遮擋夏季烈日的綠色窗簾就完成囉！

5 開花

陸續開出黃色花朵，摘掉雄花的花瓣，將雄花的花粉抹在雌花的雌蕊上會更容易結果。

6 追肥

花謝後結出綠色小果實，此時開始追肥，之後每7天追肥一次。

採收

7 採收

開花後經過15至20天左右的果實最好吃，採收時從蒂頭處剪斷。

（從種子開始栽培時）

1 播種

採用點播方式，等距離播下3粒種子後移到較溫暖的室內。

訣竅！

25℃以上才會發芽

氣溫在25℃以上，苦瓜的種子才會發芽。當室外無法達到此溫度時，可移到較溫暖的室內促進發芽。種子預先泡水一晚後再播種可提昇發芽率。

2 發芽

1週至10天左右就會發芽。

3 疏苗

長出1至2片本葉後疏苗，只留下1株大又健康的幼苗，長出3至4片本葉後即可換盆。

+α 打造綠色窗簾

利用苦瓜打造自然派綠色窗簾
遮擋夏季的強烈陽光

雖然感覺好像很困難，其實以盆器種苦瓜就能打造出綠色窗簾。配合窗戶大小準備大型盆器後架設穩固的支柱，加上橫向支柱或拉上網子即可。等到架上爬滿苦瓜藤，綠色窗簾就完成了。除了能避免陽光直射外，綠色在視覺效果上也能帶來涼意。打造成綠色窗簾後當然還是可以採收果實，可說一舉兩得。

成功地打造盆植菜園的訣竅

早期栽種需以育苗盆栽培至發芽

希望打造綠色窗簾遮擋烈日時，建議及早栽種，但千萬不能操之過急。苦瓜的發芽溫度為25至30℃，喜歡溫暖的氣候，若是想在天氣還很涼爽的4月播種，建議使用育苗盆，置於室內好好地控管溫度以促進發芽。由於播種後要10天左右才會發芽，必須耐心地栽培，別以為「不會發芽」而氣餒，播種前將種子泡水一晚會更容易發芽，不妨試試。

藤田老師的建議

子藤、孫藤比母藤還粗壯

苦瓜藤成長後會陸續地長出子藤與孫藤，而且子藤與孫藤一定比母藤更粗壯，建議子藤與孫藤成長至適當階段後就將母藤摘心，摘心後養分會更容易輸送到子藤與孫藤，培養出更健康的植株。

立即解開你的疑惑迷你Q&A！

Q 突然發現苦瓜變成黃色、橘色，這是已經腐壞了嗎？

A 苦瓜完全成熟後就會呈現橘紅色澤，也就是說我們平常看到的都是還沒有成熟的苦瓜。適合食用的是尚未成熟的綠色苦瓜，苦瓜成熟變為橘色後果實會裂開，味道也會變差，建議作為觀賞用或採種用。

必須留意的病蟲害

容易罹患的疾病

白粉病、蔓枯病、蔓割病、露菌病

容易出現的害蟲

無

將薯種埋入大型盆器裡栽培

馬鈴薯

分類：茄科

馬鈴薯在芋薯類植物中栽培期間較短，只需要90天，有大型盆器的話，就算在陽台上也能好好地栽種。種出碩大馬鈴薯的訣竅在於摘芽，好好地享受現挖馬鈴薯的鬆軟口感吧！

	1	2	3	4	5	6	7	8	9	10	11	12
栽種		春植						秋植				
照料				摘芽 追肥		培土		摘芽			分株 培土 追肥	
採收					春植						秋植	

澆水

討厭濕氣需避免澆水過度

馬鈴薯最討厭潮溼，維持在略為乾燥的狀態比較好，建議土壤乾掉後再澆水，並避免頻繁澆水。

肥料

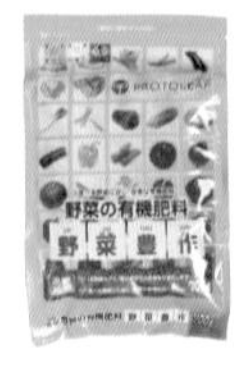

植株長出花芽後才開始追肥

植株長出花芽後，塊莖才會漸漸長大，建議於摘芽後與此時施肥，共施肥兩次。

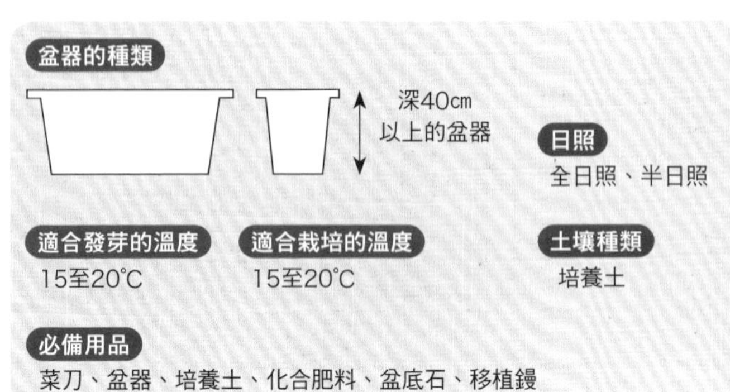

栽種

1 準備薯種

由於市面上買回來的馬鈴薯可能有感染到病毒，一定要向園藝店購買專用薯種。

訣竅！

秋季栽種需挑選專用品種

馬鈴薯品種中以男爵和五月皇后最出名，但兩者都是適合春季栽種的品種，秋季栽種採收量會變少。秋季適合選種出島或西豐等專用品種。

2 分切薯種

栽種前2至3天將薯種分切成芽點數均等的2至3小塊。

3 晾乾切口・準備盆器

栽種前切成小塊的薯種需稍微晾乾。將盆器底部鋪好盆底石，裝入培養土至二分之一處後備用。

4 栽種

間隔30cm，挖好深5至6cm的栽植孔，然後將薯種切口朝下埋入土裡。

5 發芽

栽種後充分澆水，置於溫暖的場所，經過15至20天左右就會開始發芽。

照料

6 摘芽

植株長高至10cm左右時，留下1個健康的芽，將其他嫩芽以由基部往旁邊拔的方式摘除。

7 加土・培土（第1次）

芽後每1ℓ土壤撒上3g固體肥料，加上約5cm高的土，再往植株基部培土。

8 加土・培土（第2次）

開始長出花蕾，由於馬鈴薯塊莖一照到陽光就會綠化，再次加上約5cm高的土後朝植株基部培土。

訣竅！

加土以防止馬鈴薯綠化

馬鈴薯長出來的位置會高於最初栽種的薯種，所以需經過兩次加土與培土，避免長出來的馬鈴薯出現在土壤表面上。以盆器種馬鈴薯時建議一開始先放入少量的土壤，栽種過程中再陸續加土。

採收

9 開花

開出白色或淺紫色花朵，此時土壤中的馬鈴薯就會漸漸長大。

10 採收

開花後2至3星期，葉片枯黃後即可採收，建議選一個晴朗的日子挖出，注意不要傷到馬鈴薯。

訣竅！

確實乾燥才能長久保存

採收時務必挑選晴朗的日子，馬鈴薯採收後一定要馬上曬太陽乾燥，之後再曬到陽光馬鈴薯就會綠化，建議存放在陰涼的地方，由於通風不良會讓馬鈴薯容易腐爛，千萬不能堆疊著放。

藤田老師的建議

建議以園藝專用薯種來栽種

雖然以煮菜剩下的馬鈴薯來栽種確實比較省錢，但還是建議購買園藝專用薯種。因為園藝專用薯種經過檢驗，不必擔心遭到病毒感染。自己栽種、採收的馬鈴薯供食用當然沒問題，但不確定是否具備當薯種的素質，應避免採用。

成功地打造盆植菜園的訣竅

栽培出碩大馬鈴薯的要點為「摘芽」

雖然一塊薯種能栽培出來的馬鈴薯採收量都差不多，但芽多易結出許多小馬鈴薯，芽少一點才會結出碩大的馬鈴薯，所以確實地摘芽，只留下1至3個，就能夠採收到碩大的馬鈴薯。都特意栽培了，當然希望能採收碩大的馬鈴薯囉！

立即解開你的疑惑迷你Q&A！

Q 使用小塊的薯種會栽培出發育不良的馬鈴薯嗎？

A 薯種大小是否會影響發育，目前還不清楚。但買到小塊薯種時可直接栽種，不必分切。薯種重約30g就很夠了，如果比這還小，建議使用別的薯種。

必須留意的病蟲害

容易罹患的疾病

疫病、瘡痂病

容易出現的害蟲

蚜蟲、二十八星瓢蟲、切根蟲、夜盜蟲

在陽台就能栽種小西瓜

西瓜

分類：瓜科

雖然西瓜令人覺得不易栽種，事實上，只要將瓜藤引導到支柱上，即使是空間不大的陽台，還是能種出重達一、兩公斤的小西瓜。建議以1棵植株採收兩、三顆西瓜為目標，讓西瓜留在瓜藤上至完全成熟後再採收。

	1	2	3	4	5	6	7	8	9	10	11	12
栽　種					■							
照　料					追肥■	■	■					
採　收							■	■				

澆水

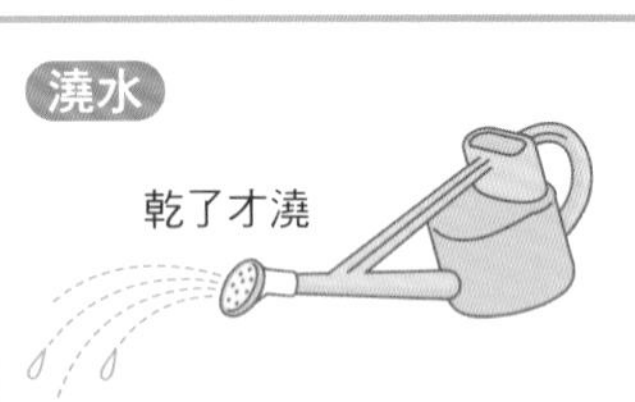

土壤乾了再充分澆水

栽種後充分澆水至盆器底部出水，之後等土壤乾掉後再充分澆水。

肥料

避免缺肥

栽種西瓜需要較多肥料，可7天至10天就噴灑一次液態肥料，或以20g固體肥料為基肥，然後每2週一次將10g左右的固體肥料撒在植株基部。

盆器的種類

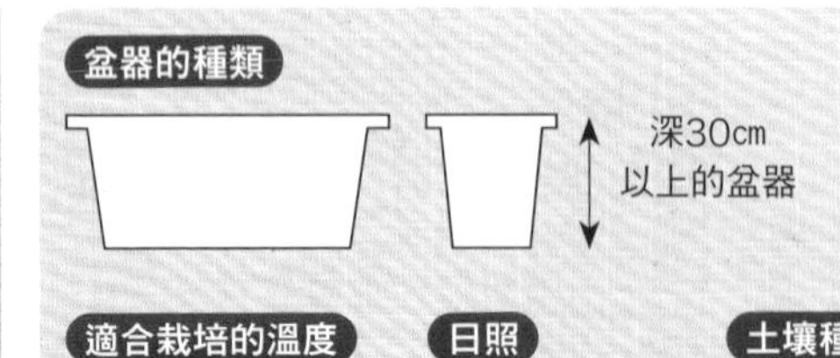

適合栽培的溫度

25至30℃

日照

全日照

土壤種類

培養土

必備用品

盆器、培養土、盆底石、移植鏝、支柱、固定用細繩、園藝剪、網子

栽種

1 選苗、栽種

準備長出3至4片本葉的幼苗，從育苗盆裡取出幼苗，避免破壞根團，將植株基部種高一點。

訣竅！

挑選健康的「嫁接苗」

選苗時建議挑選「嫁接苗」，由於對抗疾病與輪作障礙的能力強，較容易栽培。

2 澆水好讓土壤更扎實

栽種後先往植株基部培土，再用手輕壓土壤，然後充分澆水好讓土壤更扎實。

照料

3 摘心

長出6片以上的本葉後，將主藤摘心以促進側芽生長，增加瓜藤數。

訣竅！

希望採收到更多西瓜時

將最粗壯的主蔓從第6至7節處剪斷，雖然剪斷粗壯的主藤很讓人擔心，但這樣才會陸續長出側芽，結出更多果實。

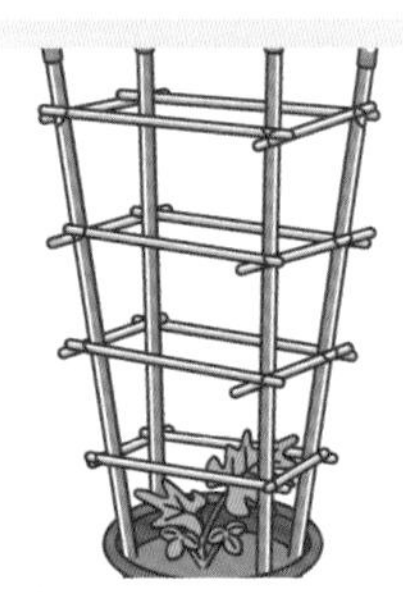

4 架設支柱

由於瓜藤往側面生長很占空間，需樹立支柱讓瓜藤攀爬。

5 修整枝條

只留下2條健康的瓜藤，其他的都修剪掉。只要經過修剪即可讓每根瓜藤長出1至2顆果實。

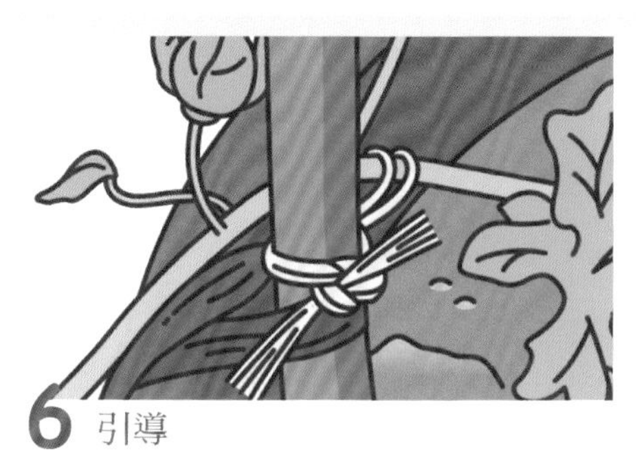

6 引導

將瓜藤繞到支柱上，再以細繩固定。

7 人工授粉

選一個晴朗的日子，在早上9點前摘下雄花，拔掉花瓣後將花粉輕輕地抹在雌花上。花朵下方較胖的就是雌花。

8 摘果

1條子蔓留下1至2顆果實後摘果，摘掉成長較慢、形狀不佳、有瑕疵的果實。

9 以網子吊掛果實

果實長到拳頭大小後，建議以廚房用排水網等網子包覆果實，再將果實連網子一起綁在支柱上。

訣竅！

照射陽光以栽培顏色漂亮的果實

果實長到拳頭大小後，需經常調整方向，讓整顆果實均勻地照射到陽光，即可栽培出色澤均勻又美味可口的西瓜。

採收

10 採收

人工授粉後經過35至45天即可採收。以手掌輕拍果實，發出低沈聲響時就是最好吃的時候。由於蒂頭部分較硬，建議以剪刀剪下。

藤田老師的建議

摘果時不知道該摘哪一顆時該怎麼辦呢？

瓜藤上長著兩顆西瓜時，先摘較小或成長較差的果實。雖然裂果或形狀差的果實一眼就能看出，但都長得很好時就令人難以取捨。雖然培育長大也沒關係，但第一顆果實可能是在植株尚未成熟前就結的果，因此覺得迷惑時不妨摘下第一顆果實。

成功地打造盆植菜園的訣竅

採收時期應從人工授粉日算起

西瓜的採收時期很難斷定，雖然從外觀可看出大小，卻無法確認內部狀況，不會從拍打聲音判斷西瓜成熟度時，建議從人工授粉日開始算起，授粉後經過35至45天就能採收到鮮甜可口的西瓜，錯過採收時期太久西瓜可能就不甜了，一定要注意。

小知識

西瓜品種非常多，想以盆器栽種時，建議選種小西瓜。大西瓜雖值得栽種，但照顧起來較麻煩，且一般盆器的尺寸無法將大西瓜栽培長大，要準備巨大盆器也很費工，尤其是第一次栽種或家庭菜園的初學者，還是選種小西瓜吧！小西瓜與大西瓜依照果實大小分類，小西瓜指重1至2kg，大西瓜指重5至8kg的西瓜。

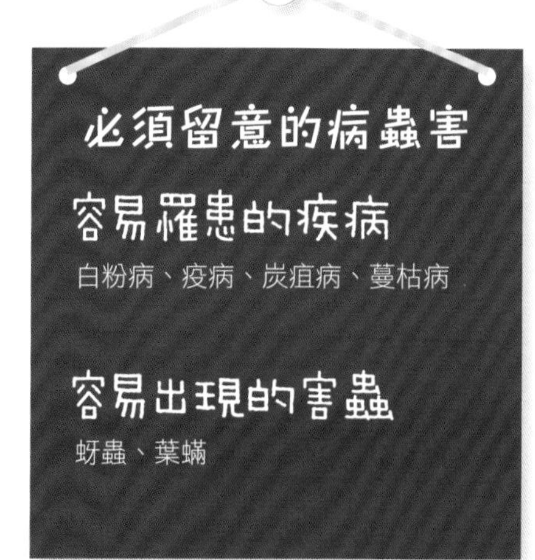

採收期間長＆品種豐富多元

茄子

分類：茄科

從和風到西式、中華料理，茄子是廣泛用於各類菜餚，是餐桌上不可或缺的蔬菜。使用大型容器栽種，順利時可從初夏一直採收到秋末，種法也很簡單，非常推薦初學者栽培。有圓形、中長形、水茄子等豐富多元的品種。

	1	2	3	4	5	6	7	8	9	10	11	12
栽　種				■	■							
照　料				摘除側芽 / 追肥	追肥	摘除側芽 / 追肥	修整 / 追肥	修整 / 追肥	追肥			
採　收						■	■	■	■			

澆水

不耐乾燥但也不耐潮濕

茄子怕乾燥，栽種後需充分澆水，之後需在土壤乾掉前就澆水，但要避免澆太多使土壤過於潮濕。

肥料

避免缺肥

栽培茄子需要較多的肥料，可7至10天噴灑一次液態肥料，或以20g左右的固體肥料為基肥，然後每2週一次將10g左右的固體肥料撒在植株基部。

盆器的種類

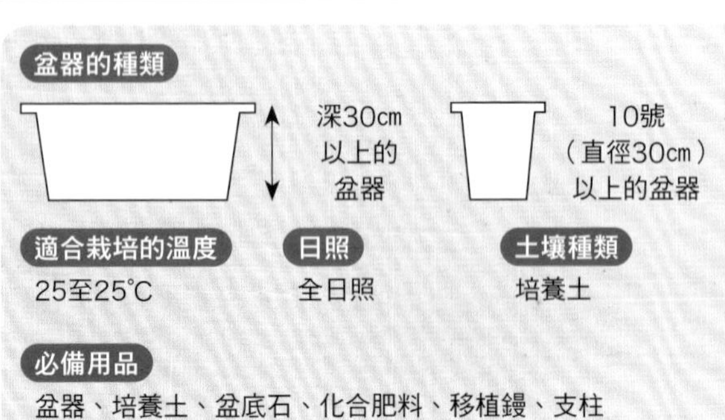

適合栽培的溫度
25至25°C

日照
全日照

土壤種類
培養土

必備用品
盆器、培養土、盆底石、化合肥料、移植鏝、支柱（臨時用60cm、主支柱1m）、固定用細繩、剪定鋏、網子

栽種

1 選苗
選擇長出6至7片以上本葉，葉色深綠，莖部粗壯，節距較短的健康茄苗。

2 栽種
挖好栽植孔，避免破壞根團，從育苗盆裡取出茄苗後栽種。

3 整平土壤
覆土後以手掌輕壓土壤，穩定植株。

照料

4 架設臨時支柱
將臨時支柱斜插在距離植株約5cm處，利用細繩鬆鬆地將本葉下方的枝條固定在支柱上。

5 開花
2星期左右就會開出第一朵花，開花後曬太陽可促進受粉。

訣竅！

透過花朵確認茄子的健康狀態

相較於雄蕊，雌蕊較長且位於花朵正中央表示植株很健康。若是雄蕊較長，果實的發育可能較差，建議追肥，並確認是否有病蟲害，也有可能是缺水。

6 摘除側芽

保留第一朵花下方起算的第1、2個側芽，摘除底下的側芽。以此要領摘芽，形成主枝與2根側枝構成的三主軸。

7 架設支柱

稍微遠離植株，斜插入長約1m的主支柱，再以細繩固定。

8 追肥・培土

將10g左右的固體肥料撒在植株基部，與土壤略微混合後往植株基部培土。

採收

9 結果

為了促進植株繼續結果，在第1顆果實長到10cm前就從蒂頭上方剪斷，提早採收。

10 採收

開花後20至25天就能正式採收，太晚採收茄子會變色、變硬，建議儘早採收。

11 修整

8月初修剪掉太長的枝條與莖葉，修剪後就會長出新芽，新芽長大後便可再次採收。

藤田老師的建議

在第1顆果實長大前就採收

茄子的第1顆果實遲遲不採收，養分就無法提供給其他果實而無法繼續結果，即便結果也長不大，因此建議早點採收。第1顆茄子果實由於結果時期的影響，採收的可能是被稱為「石茄」，硬到根本不能吃的茄子。茄子不耐寒冷，低溫時可施加生長激素。

成功地打造盆植菜園的訣竅

澆水時多用心即可避免葉蟎

茄子最喜歡水，雖然心想絕對不能讓茄子缺水，但有時還是會忘記澆水。栽種茄子時不僅要避免因缺水而影響生長，也要避免因太乾燥而引來葉蟎。除了定時澆水外，偶爾在葉背上噴水，便可預防葉蟎。

立即解開你的疑惑迷你Q&A！

Q **開花後經過人工授粉還是不結果，到底是為什麼呢？**

A 人工授粉後依然不結果，可能是肥料不足所致。就算開花了還是不能掉以輕心，請充分地澆水與施肥。以盆器種菜和直接種在土壤裡的情形不一樣，土壤量有限，容易出現肥料不足的情形。只結出幾顆果實後就不再結果的情形也很可能是肥料不足所致。

必須留意的病蟲害

容易罹患的疾病

青枯病、萎凋病、白粉病、褐腐病、病毒

容易出現的害蟲

蚜蟲、二十八星瓢蟲、葉蟎、細緣椿象、夜盜蟲

持續採收果肉厚實的果實

甜椒

分類：茄科

甜椒是富含胡蘿蔔素與維生素C的夏季蔬菜，栽培順利時，1棵植株可採收數十個果實。甜椒是辣椒的同類，不必太擔心病蟲害，糯米椒的種法也差不多。

	1	2	3	4	5	6	7	8	9	10	11	12
栽　種				━								
照　料					追肥	━	━	━	━			
採　收						━	━	━	━			

澆水

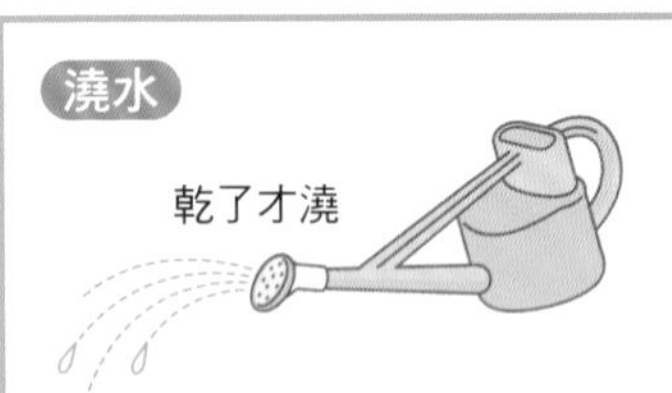

可能因缺水導致果實變辣

栽種後充分澆水，之後等土壤表面乾掉後再充分澆水，注意缺水可能會導致果實變辣。

肥料

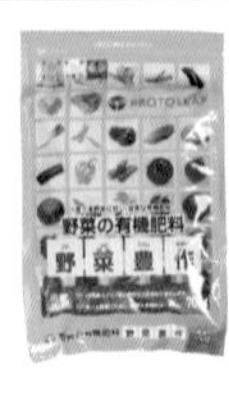

確實追肥即可延長採收期間

採收第1顆果實後開始追肥，每2週一次撒上10g左右的固體肥料，注意肥料不足也有可能導致果實變辣。

盆器的種類

適合栽培的溫度
25至30℃

日照
全日照、半日照

土壤種類
培養土

必備用品
盆器、培養土、盆底石、化合肥料、移植鏝、支柱（臨時用60cm、主支柱1m）、剪定鋏

栽種

1 選苗

前往園藝店選購葉色深綠、莖部粗壯、節間較短的健康幼苗。

2 栽種準備

盆器裝入土壤後挖好栽植孔，避免破壞根團，從育苗盆裡取出幼苗。

訣竅！

以大容器栽培就能大豐收

用大容器將栽培青椒就能採收許多果實，順利時1棵採收55至60顆甜椒也不是夢。

訣竅！

天氣暖和後才栽種

甜椒苗不耐寒冷，因此建議氣溫上升後（日本關東地區等到黃金週過後）再栽種，希望早點栽種時，可套上塑膠袋等予以保溫。只要將盆器的四個角落插上免洗筷，由上而下套上塑膠袋即可。

3 栽種

栽種後植株高於土壤表面以促進排水，往植株基部培土後輕壓土壤表面。

照料

4 架設支柱

小幼苗易因風吹而倒伏，可在距離幼苗約5cm架設臨時支柱，以細繩固定後充分澆水。

5 照射陽光

栽種後置於陰涼處2至3天，再移至陽光充足與通風良好的場所。

6 開花・摘除側芽

開出第1朵花後，保留下方的2根枝條形成三個主軸，摘除其他側芽。

7 架設支柱

果實成長可能導致枝條折斷，因此必須於果實長大前架設主支柱，再以細繩引導固定。

8 結果・追肥

開始結果後即可開始追肥，在植株間挖溝後撒上固體肥料，再將土壤填回。

採收

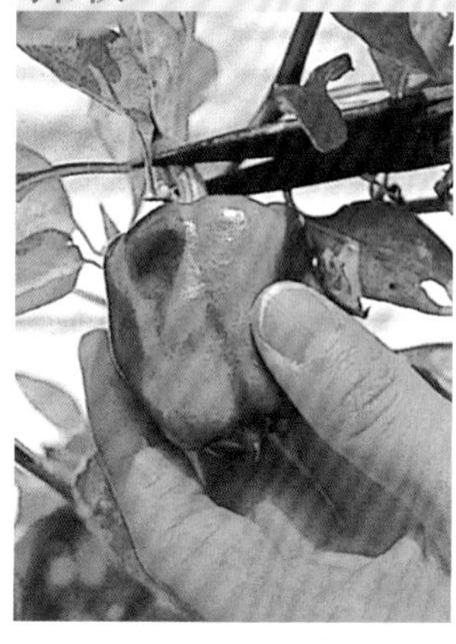

9 採收第1顆果實

第1顆果實長大到4至5㎝時就先採收，讓植株能夠繼續成長。

10 採收

果實長大到5至6㎝時即可採收，由於植株會不斷結果，需及早採收避免植株老化。

11 禮肥

大量採收後將固體肥料撒在植株基部即可延長植株壽命，長時間地享受採收之樂。

藤田老師的建議

第1顆果實應趁早採收以促進其他果實成長

第1顆果實或是前面的果實若不採收，養分就無法供應給其他的果實，建議及早採收。第1顆果實以後的果實也一樣，只要依序採收，即可採收更多果實。甜椒太晚採收就會變色，但不影響食用。

成功地打造盆植菜園的訣竅

栽種茄科植物後的土壤不適合連作

以甜椒為首，茄子、番茄等茄科植物連作易引發疾病，或因營養不足而引發「連作障礙」，因此隔年也想栽培甜椒時，建議換掉培養土，從頭開始種起。

小知識

逛超市時想必都看過「紅椒」等綠色以外的甜椒吧！或許有人會認為紅椒和青椒的品種不同，實際上綠色甜椒只要不採收就會變成紅色，換句話說，紅椒就是甜椒完全成熟後的樣子（另有彩色椒品種）。

必須留意的病蟲害

容易罹患的疾病

病毒病、疫病、白粉病、細菌性斑點病

容易出現的害蟲

蚜蟲、煙草蛾、斜紋夜蛾、南黃薊馬

易栽培，又不怕病蟲害。

大蒜

分類：百合科

香氣強勁、風味佳，可增進食慾，是烹調時不可或缺的辛香料，亦具備殺菌、抗菌作用，與維生素B1一起攝取有助於消除疲勞，是能夠讓人更精力更旺盛的蔬菜。不太需要擔心病蟲害問題，也不必費心照料。

	1	2	3	4	5	6	7	8	9	10	11	12
栽　種									━			
照　料			摘芽━ 追肥━						培土━	━	━	
採　收					━	━						

澆水

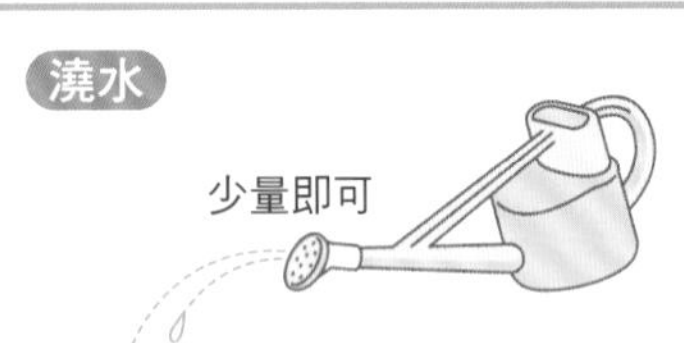

肥料

需種在較乾燥的環境

栽種後充分澆水，冬季期間土壤表面乾掉時，等一、兩天後再澆水，但在成長旺盛時土壤乾掉就需馬上澆水。

避免缺肥

12至2月這段嚴寒期不需追肥，開始成長的3至4月才需要追肥。每月一次撒上10g左右的固體肥料，或2週一次於澆水時噴灑液態肥料。

盆器的種類

適合發芽的溫度
15至20℃

適合栽培的溫度
10至20℃

日照
全日照

土壤種類
培養土

必備用品
盆器、培養土、盆底石、化合肥料、移植鏝、剪定鋏

栽種

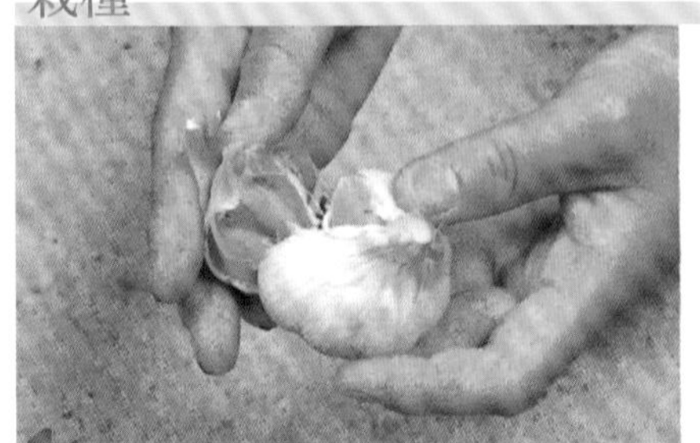

1 挑選球根

向園藝店購買專門用於栽培的球根，請挑選無瑕疵與病蟲害，感覺扎實的球根。

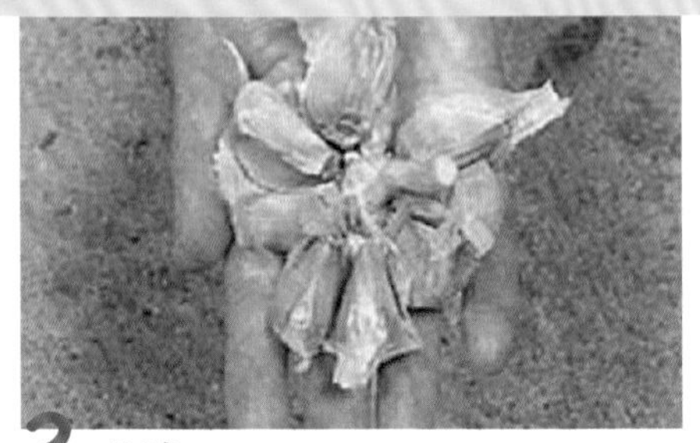

2 分球

剝掉外皮後將種球一瓣一瓣地分開。

3 栽種

盆器裝土後，間隔10cm挖好深5cm的栽植孔，將芽點朝上種入土裡。

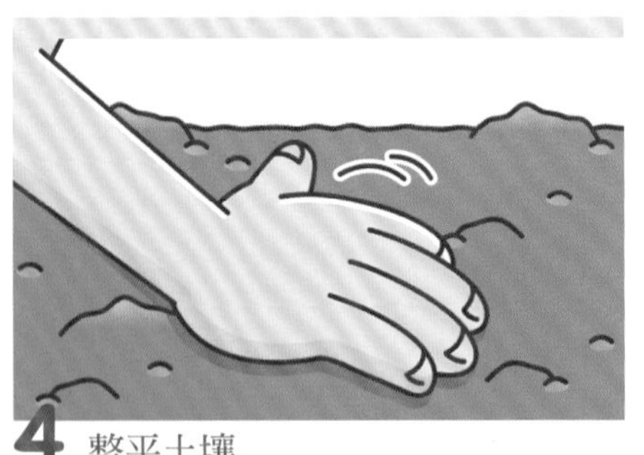

4 整平土壤

覆土後用手按壓土壤，充分澆水至盆器底部出水。

照料

5 置於陰涼處2至3天

栽種後置於陰涼處2至3天，然後移到陽光充足與通風良好的場所靜待發芽。

6 發芽

栽種後2星期左右就會發芽。

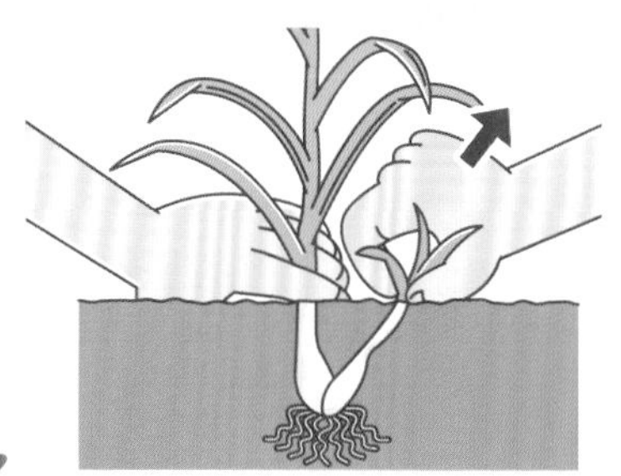

7 拔除分球

長高至10cm左右時，若出現2個以上的嫩芽，就需要微微挖開植株基部的土壤，拔除分球長出的小芽後再培土。

8 摘除花芽

長出莖部後頂端就會開花，開花後蒜球的成長會變慢，必須儘早摘除，摘除花芽後追肥（固體肥料）。

採收

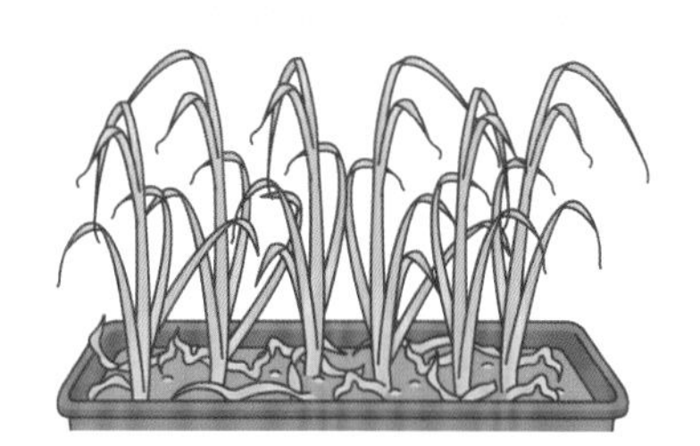

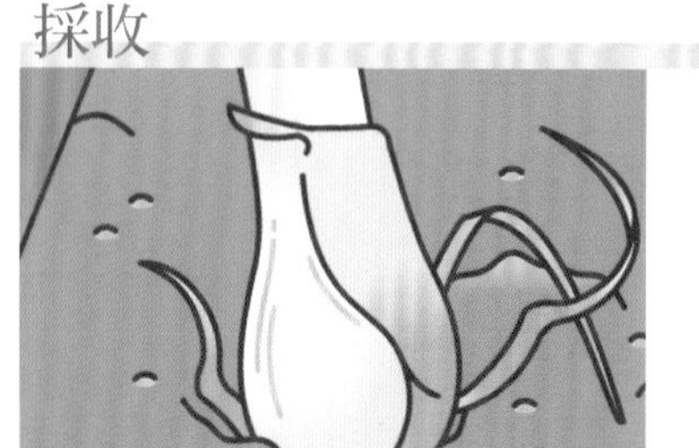

9 葉子變黃

5至6月葉子開始變黃。

10 蒜球肥大化

葉子變黃且枯萎二分之一以上就是採收的訊號，微微挖開植株基部的土壤，就能看到蒜球的身影。蒜球肥大化即表示栽培成功。

11 採收

蒜球長大到相當程度後，挑選一個晴朗的日子，挖出採收。

訣竅！

充分乾燥以便長久保存

挖出蒜球後立即將根部剪除，然後直接乾燥3至5天。乾燥後修剪掉1/3的莖葉，再以細繩將2至3株綁成束，掛在屋簷下等通風良好的場所以便充分乾燥。

藤田老師的建議

適合栽種的品種因地區而不同

大蒜的抗病蟲害能力強，但適合栽種的品種因地區而不同。選擇適合地區的品種比較不會罹患疾病，非常適合推薦給第一次以盆器種菜的人栽培的植物。請教附近的園藝店應該就能買到適合當地栽種的品種。

成功地打造盆植菜園的訣竅

掌握採收時期就能成功栽培的植物

大蒜對抗病蟲害的能力很強，不需費心照料，因此非常好種，比較困難的是球根長在土裡，不知道什麼時候適合採收。葉子枯黃，蒜球頭部浮出土壤表面就是採收時機，但太早採收蒜球還小，可食用部分太少，因此建議等蒜球長大後再採收。

小知識

中華料理等菜餚中的配料「蒜苗」為栽種蒜頭過程中長出的花莖，栽培蒜頭時必須摘除花莖，其中就有一部分很美味可口，可用於炒菜或煮來吃。

利用蒜頭製作手工防蟲殺菌液

利用蒜頭的強勁殺菌、抗菌作用，試著製作最天然的防蟲殺菌液吧！對於露菌病、銹病最有效。

①將1球分的蒜頭磨成泥。

②加入1公升的水裡以紗布搓揉。

③使用時必須以5倍的水稀釋，再利用噴霧器噴撒在花朵與蔬菜上。

以盆器栽種時選擇「矮性」品種會更好

四季豆

分類：豆科

四季豆品種可大致分為「蔓性」與「矮性」，使用盆器時，植株較矮的非蔓性品種較容易栽培。從種子開始栽培起時，矮性四季豆約60天可採收，算好採收期，錯開播種時期，即可更長久地享受採收的樂趣。

	1	2	3	4	5	6	7	8	9	10	11	12
播種・栽種				播種 ▬	▬							
					▬	▬ 栽種						
照　料				追肥	▬	▬	▬	▬				
採　收						▬	▬	▬				

澆水

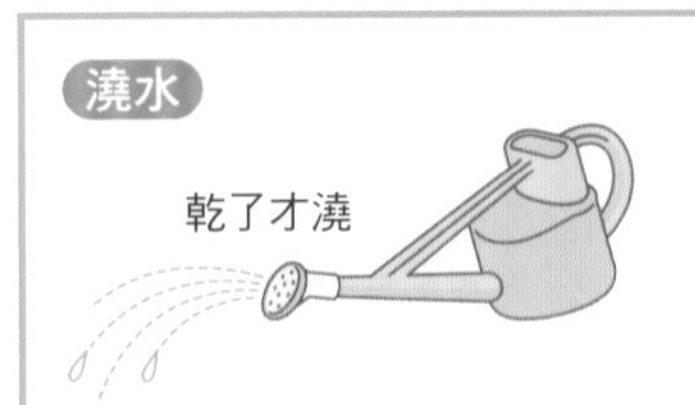

開花後需注意缺水

喜歡陽光充足的場所，但太乾燥時花會掉落或引發葉蟎，因此發現土壤乾掉時就應充分澆水。

肥料

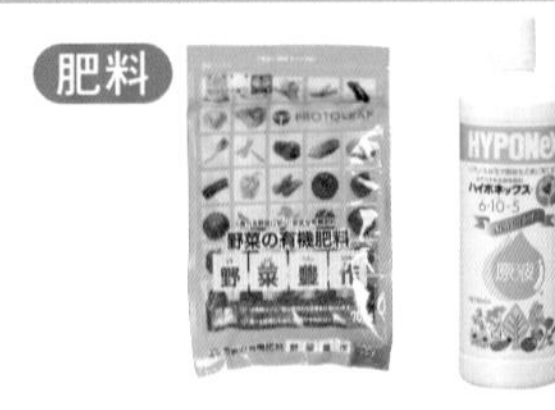

控制基肥，確實追肥

栽種豆類植物時應控制基肥，靠追肥培養。開花期間2週追肥一次，撒上10g左右的固體肥料。

盆器的種類

深15cm以上的盆器

5號（直徑15cm）以上的盆器

播種的方式

點播

適合發芽的溫度

20至25℃

日照

全日照

適合栽培的溫度

20至25℃

土壤種類

培養土

必備用品

盆器、培養土、盆底石、化合肥料、移植鏝、支柱（蔓性）、剪定鋏、防寒紗（從種子開始栽培起時）

栽種

1 選苗

前往園藝店選購葉面寬大，節間較大的健康幼苗。

2 栽種

避免破壞根團，從育苗盆裡取出幼苗後種淺一點，培土後澆水，置於陰涼處2至3天。

3 移到陽光充足的場所

幼苗穩定後移到陽光充足，不太會吹到風的場所。

照料

4 追肥・培土

植株長高至20cm左右，將固體肥料撒在植株周邊，再往植株基部輕輕地培土。

5 架設支柱（蔓性）

稍微遠離植株基部，每1棵四季豆分別樹立1根支柱，再以細繩繞８字型後固定住。非蔓性品種不需架設支柱。

6 開花

栽種後過1個月左右就會開出許多小巧可愛的花朵。

7 追肥

開花時需要大量養分，因此必須追肥。每2週一次，將固體肥料撒在植株基部或噴灑液態肥料。

採收

8 採收

開花後經過10天至15天即可從飽滿的豆莢開始採收。建議及早採收吃起來鮮嫩可口的豆莢。

訣竅！

避免太晚採收

太晚採收，種子發育成熟，會造成植株的負擔，對植株養份的耗損。趁種子還不是很飽滿時就開始採收吧！

訣竅！

豆類植物應避免連作

四季豆等豆類植物不適合連作，建議栽種過的地方間隔3年後再栽種。連作易引發土壤病害或線蟲等問題，嚴重影響生長。

（從種子開始栽培起時）

1 播種

盆器裝土後間隔20cm，挖好直徑5cm，深2cm左右的栽植孔，以點播方式分別播下3粒種子，覆土後澆水。

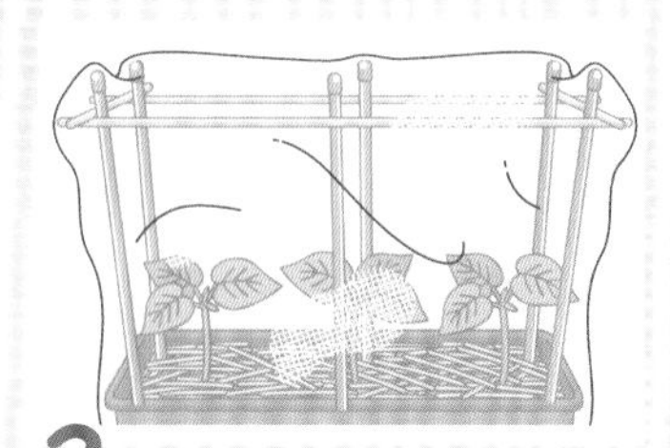

2 覆蓋防寒紗

豆類植物的種子容易成為鳥類的目標，必須覆蓋防寒紗至發芽為止。

3 發芽

播種後1週左右就會發芽，請繼續覆蓋防寒紗至要長出本葉。

4 疏苗

長出2至3片本葉後保留生長狀況良好的嫩芽，每一個栽植孔僅需保留1至2個嫩芽疏苗。

藤田老師的建議

栽種矮性品種時看到豆子膨脹就已經錯過了採收時期

矮蔓性品種的四季豆長大後，明顯地看到豆子膨脹時才覺得「差不多該採收了」的人想必不少，其實這個時候採收已經太遲了。四季豆的採收時機因品種而不同，約在開花後10至15天就能採收。但矮性品種的採收時期比較短，建議分批採收。

成功地打造盆植菜園的訣竅 防鳥對策

從種子開始栽培起時必須確實做好防鳥對策，四季豆的品種非常多，譬如早生種（生長較快）、採收量較多的品種，相較於栽種幼苗，從種子開始栽培起可有更多的選擇。必須留意的是鳥類，豆類植物比其他植物更容易遭到鳥類的侵害，因此必須以防寒紗等確實做好防範。

小知識

蔓性品種成長後植株可高達2m，必須架設支柱，適度地引導。而矮性品種四季豆成長後，高度頂多40cm，不需支架就能充分成長，不放心的話就架設支柱吧！矮性品種特徵為採收期間較短，都是一口氣地採收。

必須留意的病蟲害

容易罹患的疾病

菌核病、黑黴病、白絹病、病毒

容易出現的害蟲

蚜蟲、番茄斑潛蠅、斜紋夜蛾、葉蟎、紅銅麗金龜

將鮮嫩多汁的葉片調理成蔬菜沙拉

萵苣

分類：菊科

萵苣與生菜都是不會結球的品種，栽培期間也較短，約60天，很適合種在盆器裡。萵苣類比較不耐熱，超過25℃就不發芽，必須隨時留意。其次，萵苣發芽時需要光線，因此覆土應該薄一點。

	1	2	3	4	5	6	7	8	9	10	11	12
播　種			春播 春植					秋播	秋植			
照　料			追肥（春播）					追肥（秋播）				
採　收				春播						秋播		

澆水

充分澆水

避免缺水

水份充足才能種出鮮嫩多汁的葉萵苣，在土壤乾掉前就勤快地澆水吧！

肥料

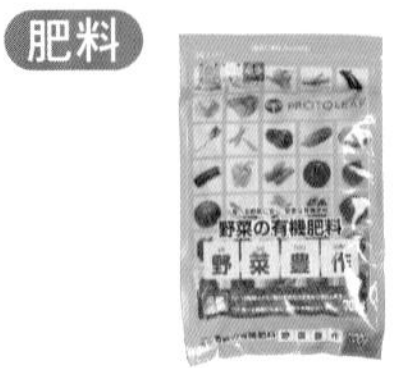

養分會隨水流失，需確實追肥

栽種萵苣必須勤快地澆水，養分很容易隨水流失。建議每2週一次撒上10g左右的固體肥料，或於澆水時噴灑液態肥料。

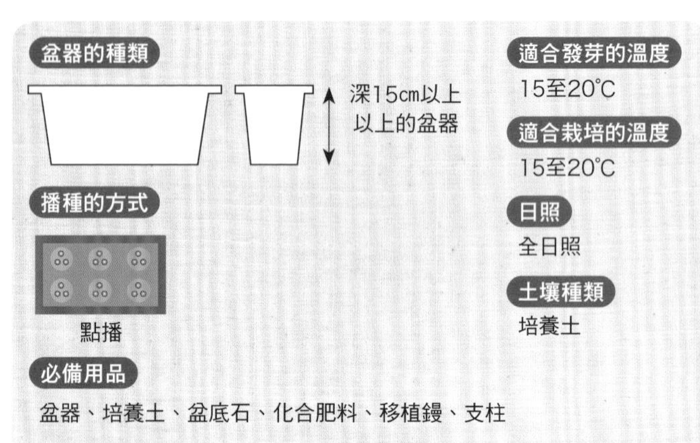

播種

1 播種

盆器裝土後間隔20至30cm，以點播方式播下種子後覆上一層薄薄的土，輕壓土壤並澆水。

2 發芽

播種後置於陰涼處直到發芽為止，土避免太乾燥，經過10天左右就會陸續發芽。

照料

3 疏苗

長出子葉後疏苗至葉片不會彼此碰觸到，栽種過程中需適時地疏苗。

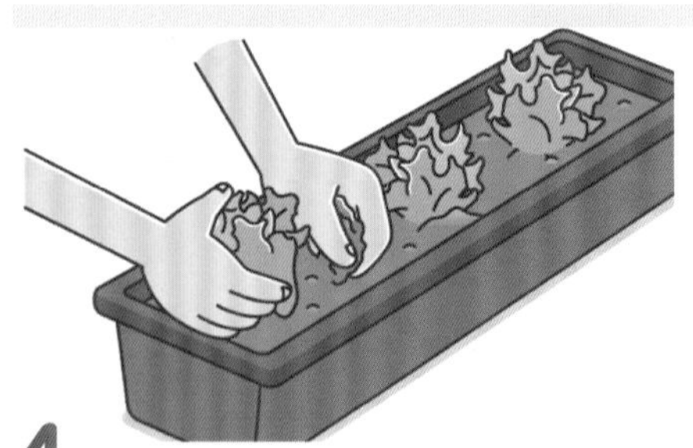

4 加土

疏苗後往植株基部加土以促進成長。

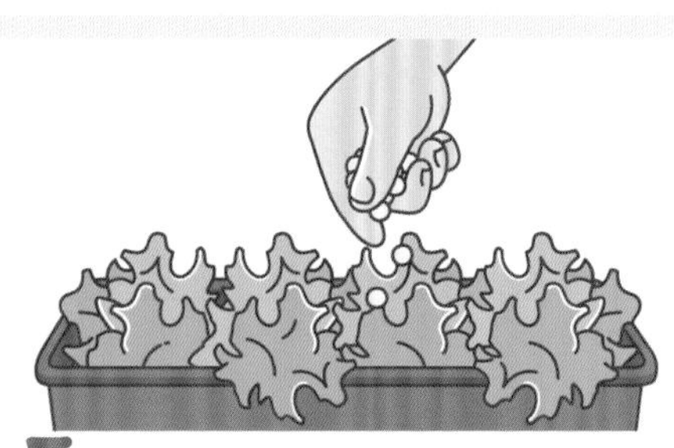

5 追肥

因為必須勤快地澆水，所以養分容易隨著澆水流失，建議每2週一次，撒上固體肥料或於澆水時噴灑液態肥料。

採收

6 採收

長出10片葉子後即可採收。從外葉開始採收，再將中心的新葉培養長大，即可延長採收期間。

（栽培沙拉菜時）

1 播種

盆器裝土後間隔7至8㎝，挖好較淺的栽植孔，再以點播方式，每穴播下5至6粒種子。

2 保濕

生菜喜歡光線，覆上一層薄薄的土之後可蓋上報紙避免土壤乾掉，然後往報紙上充分澆水，置於涼爽的場所栽培。

3 疏苗

播種後經過10天左右就會陸續發芽，長出4至5片本葉後疏苗，每穴留下1棵生長狀況佳的幼苗。

4 追肥

避免缺水，每2週一次撒上固體肥料或澆水時噴灑液態肥料。

5 採收

長出8至10片葉子後開始採收3至4片外葉，過一陣子等植株完全長大後才整株收割。

訣竅！

栽培生菜時澆水很重要

乾燥為生菜之大敵，疏於澆水隔天可能就已奄奄一息。但就算奄奄一息，只要還沒有枯死，有時候澆澆水還是會復活，發現時應立即澆水，最好於上午比較涼快的時候澆水，避免於氣溫太高時澆水，以免因水太熱而燙傷根部。

藤田老師的建議

加強日照 但須留意燈光

萵苣必須在陽光充足的環境下栽培，但過度照射燈光就容易抽梗開花，應避免置於無法拉上窗簾或容易照射到燈光的場所。當然不是過度就沒關係，不必太緊張。

成功地打造盆植菜園的訣竅

混合栽種各種萵苣時 選種各種顏色的萵苣更有趣

市面上也能買到綜合萵苣種子。將好幾種萵苣的種子撒在同一個大型盆器裡，就能構成混種狀態。像萵苣也有紅色的品種，種得色彩繽紛更有趣，自己購買各種萵苣菜種子，栽種後就會各剩下一點，但購買綜合萵苣種子，份量就剛剛好，而且種子也很平均，建議初學者採用。

小知識

除栽培生菜外，萵苣的栽培要領還可廣泛用於栽培其他蔬菜，例如蘿蔓萵苣、皺葉萵苣等。萵苣的紅葉種，亦即紅萵苣以相同要領栽培也OK。熟悉種法後不妨試著挑戰各品種萵苣。

必須留意的病蟲害

容易罹患的疾病

軟腐病、菌核病、葉枯病、灰黴病、腐霉病

容易出現的害蟲

蚜蟲、番茄夜蛾、潛蠅

一口大小卻營養滿分

抱子甘藍

分類：十字花科

是由類似羽衣甘藍的品種改良後所栽培出來的蔬菜，富含以維生素C為首的各種維生素及膳食纖維。為促使植株充分結球需要充足的陽光，但喜歡涼爽的氣候，建議在通風良好的地方栽培。

	1	2	3	4	5	6	7	8	9	10	11	12
栽 種								━	━			
照 料									摘芽・摘下芽 ━ 追肥 ━	━	━	━
採 收	━	━									━	━

澆水

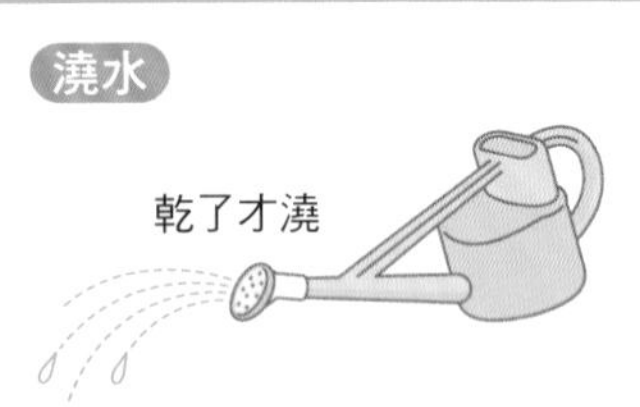

生長過程中需大量吸水

栽種後充分澆水，之後等土壤表面乾了再充分澆水，生長過程中需大量吸水，所以不能缺水。

肥料

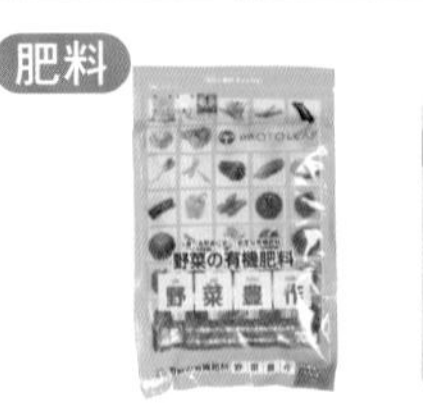

1至2週追肥一次

生長過程中需大量吸收養分，因此栽種後必須每2週追肥一次。使用液態肥料時每週一次，使用固體肥料時一次撒上10g左右。

盆器的種類

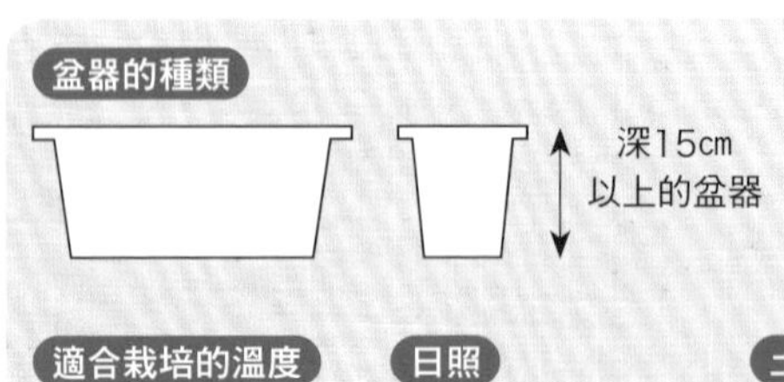

適合栽培的溫度
15至20℃

日照
全日照

土壤種類
培養土

必備用品
盆器、培養土、盆底石、化合肥料、移植鏝
〔建議準備〕歐殺松（殺蟲劑）

栽種

1 選苗

前往園藝店選購葉色深綠，根部健康生長的幼苗。

2 栽種

盆器裡多裝一些盆底石，再裝入土壤以促進排水，避免破壞根團，淺淺地栽種。

照料

3 害蟲對策・追肥

易長青蟲等害蟲，可將殺蟲劑撒在土壤表面以預防害蟲。成長過程中大約每2週追肥一次。

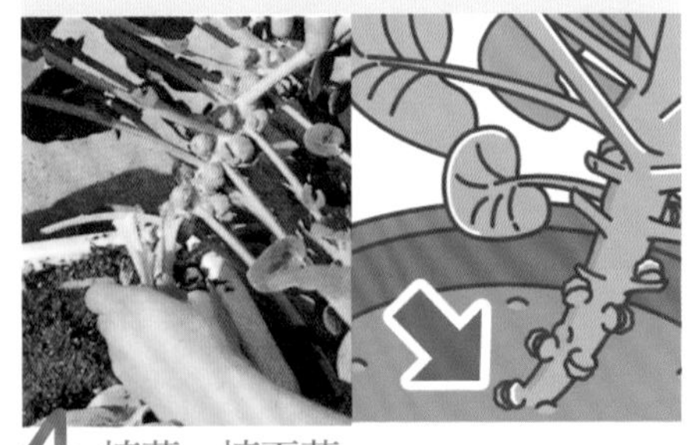

4 摘葉・摘下芽

側芽球長大至1㎝左右時，摘除植株下方約¾的葉子，以及長在植株基部附近，成長較慢的芽球。

採收

5 採收

芽球成長為直徑2至3㎝時即可採收，依序採收已經長大的芽球。

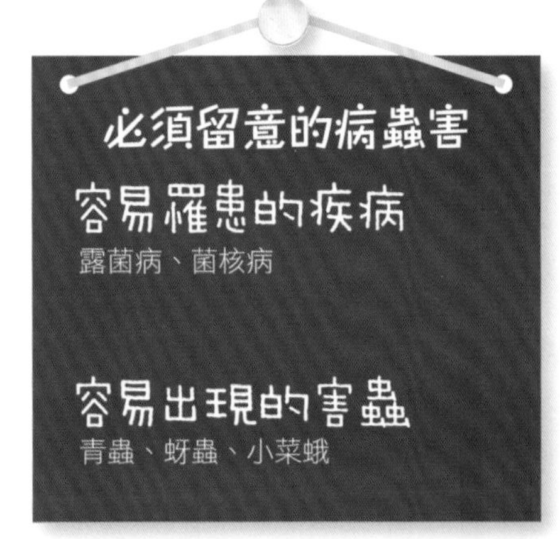

在調理火鍋或蔬菜沙拉都很活躍

茼蒿

分類：菊科

菊科植物通常在秋天開花，茼蒿在春天開花而被稱為「春菊」。雖然發芽需要較長時間，也要一個月左右才能成長至可食用大小，但可採收的時間也較長。疏苗菜很鮮嫩，可用於生吃的蔬菜沙拉等菜餚。

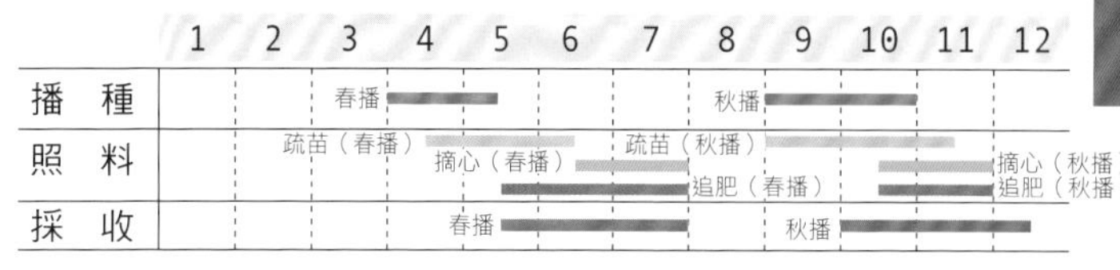

澆水

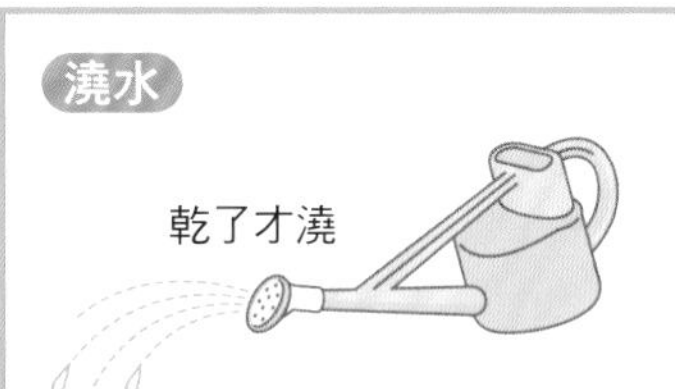

肥料

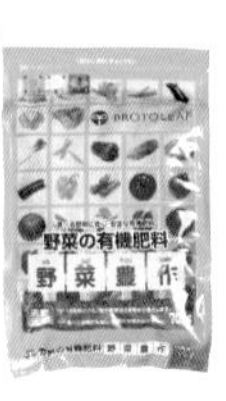

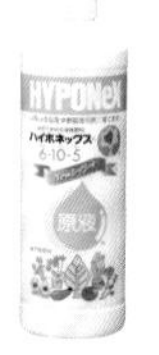

土壤乾了再充分澆水

播種後輕壓土壤，再充分澆水，之後等土壤表面乾了再充分澆水。

勤快地施肥

需要較多肥料，疏苗、摘心、採收後務必追肥，施以固體肥料或液態肥料皆可，使用固體肥料時1次撒上10g左右。

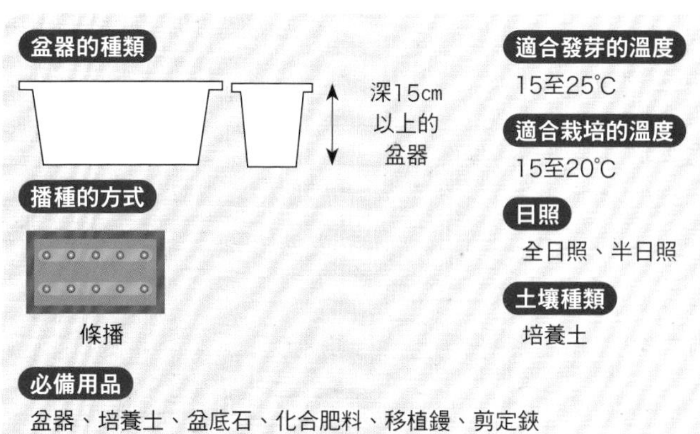

播種

1 選種

由於發芽率較低，多準備一些種子吧！

2 播種

採用條播方式，將種子播在淺溝裡，薄薄地鋪上土壤後按壓。條間距有10cm以上時可播兩條。

照料

3 疏苗・追肥

長出1至2片本葉後疏苗成間隔3cm，生長越來越茂盛時隨時疏苗，每2週追肥一次。

4 培土

疏苗後往植株基部培土，輕壓土壤表面後整平。

5 摘心

長高至10cm左右時摘除尾端的葉子以促進側芽生長。

採收

6 採收

秋播時長高至20cm左右就收割莖上方的二分之一，春播時則直接拔起植株以免抽梗開花。

必須留意的病蟲害

容易罹患的疾病

炭疽病、露菌病

容易出現的害蟲

薊馬、蚜蟲、潛蠅、夜盜蟲

營養豐富，最具代表性的綠色蔬菜

菠菜

分類：藜科

富含胡蘿蔔素，是最具代表性的綠色蔬菜，疏苗時摘取的葉片可生吃。喜歡涼爽氣候，耐寒冷，不耐熱，應避免夏季栽培，建議春播後趁早採收。由於在半日照環境下也能健康成長，適合於陽台栽培。

	1	2	3	4	5	6	7	8	9	10	11	12
播種		春播						秋播				
照料		疏苗（春播） 追肥（春播）						疏苗（秋播） 追肥（秋播）				
採收				春播					秋播			

澆水

土壤乾了再充分澆水

由於不易發芽，播種後請充分澆水，置於陰涼處2至3天吧！之後等土壤表面乾了再充分澆水。

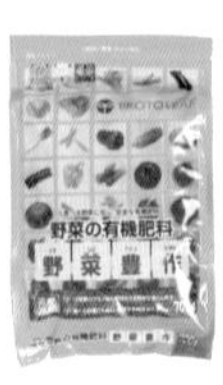

避免土壤呈酸性

不耐酸性土壤，使用市售培養土比較不易失敗。需追肥2次，施以固體肥料或液態肥料皆可，使用固體肥料時一次撒上10g左右。

盆器的種類

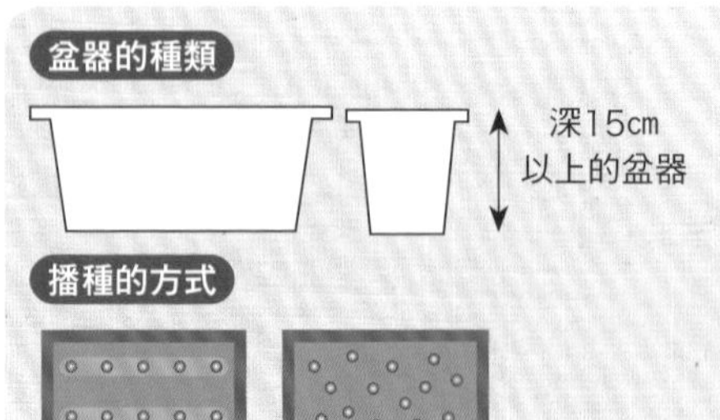

播種的方式

條播　撒播

適合發芽的溫度

15至20℃

適合栽培的溫度

15至20℃

日照

全日照、半日照

土壤種類

培養土

必備用品

盆器、培養土、盆底石、化合肥料、移植鏝、剪定鋏

播種

1 選種

播種後1週左右發芽，長出1片本葉後疏苗為間隔3cm，長高至7至8cm後疏苗為間隔5cm。

2 播種

避免種子重疊，以條播或撒播方式播種後覆土，用手按壓後澆水。條間隔10cm以上時可播2條。

照料

3 疏苗

播種後1週左右就會發芽，長出1片本葉後疏苗為間隔3cm，長高至7至8cm後疏苗為間隔5cm。

4 追肥・培土

長出3至4片本葉後，將10g固體肥料撒在條間，與土壤混合後往植株基部培土。

採收

5 疏苗・採收

植株長高到10至15cm左右後，針對比較茂盛的部分疏苗並開始採收，疏苗後再追肥。

6 採收

長高至20cm以上後即可正式採收，從植株根部剪斷後採收。

必須留意的病蟲害

容易罹患的疾病

萎凋病、株腐病、立枯病、根腐病、露菌病、病毒

容易出現的害蟲

蚜蟲、切根蟲、根瘤線蟲、葉蟎、南黃薊馬、夜盜蟲

現摘毛豆最美味

毛豆

分類：豆科

毛豆為大豆的嫩豆，富含蛋白質、胡蘿蔔素、胺基酸，營養均衡豐富，最適合做成下酒菜。採收後鮮度易流失，建議立即以川燙等方式調理。在家庭菜園栽種就能享用到最新鮮的毛豆。

	1	2	3	4	5	6	7	8	9	10	11	12
播　種				━	━							
照　料				疏苗 ━	━ 追肥 ━	━	━					
採　收							━	━				

澆水

開花期避免土壤乾燥

需要較多水，發芽前應避免過度乾燥，土壤表面乾掉後充分澆水，開花期更應避免土壤乾燥。

肥料

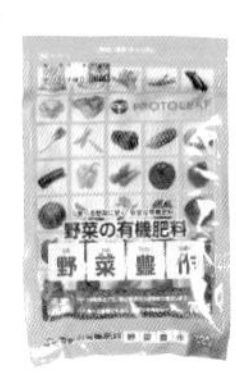

肥料少量即可

豆類植物的根部周圍易出現根瘤菌，氮肥量需固定，因此少量追肥即可，施用過多時易出現瘋長呆現象，應避免過量。

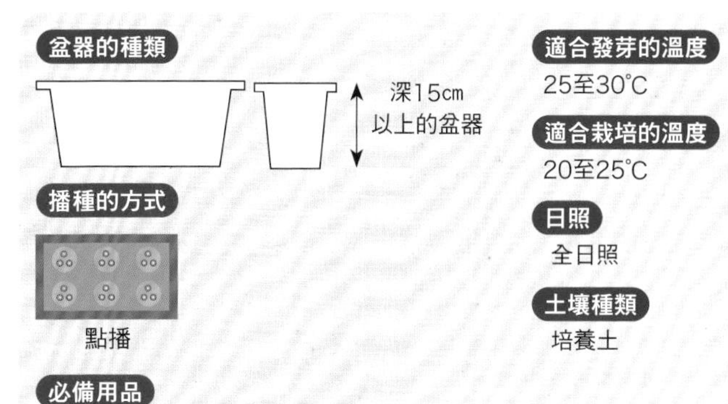

播種

1 播種

在土壤上挖好約食指第一關節深的栽植穴，每一穴以點播方式播下2至3粒種子後覆土，以手按壓後澆水。

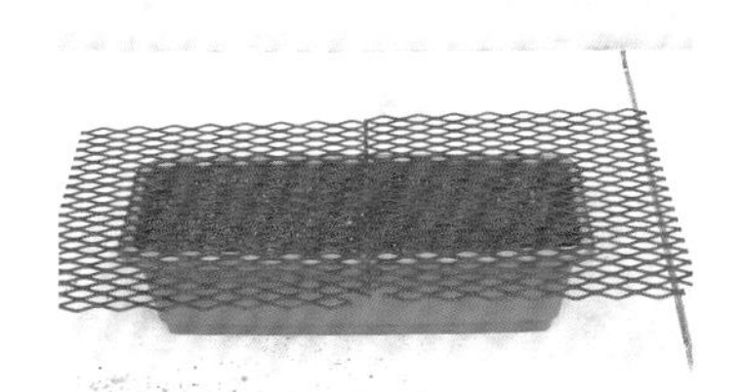

2 覆蓋網子

種子與剛發芽時的幼苗為鳥類的最愛，必須以網子覆蓋至長出根部為止，以免被吃掉。

照料

3 疏苗・培土

適時地疏苗至葉片不會彼此碰觸到的程度，長出5至6片本葉後疏苗至與相鄰的植株間隔1棵植株的距離，疏苗後培土。

4 追肥

長出5至6片本葉後追肥，撒上20g固體肥料。

5 開花・追肥

開始開花時即可追肥，稍微遠離植株基部，將20g左右的固體肥料等撒在周圍後，往植株基部培土。

採收

6 採收

豆莢膨脹後以手指輕壓，感覺飽滿時即可採收。可整株拔起或從植株基部剪斷後採收。

必須留意的病蟲害

容易罹患的疾病

立枯病、灰黴病、露菌病、病毒

容易出現的害蟲

蚜蟲、毛豆莢癭蠅、椿象、潛蠅、葉蟎

易栽培，葉子與果實都很美味

蕪菁（迷你蕪菁）

分類：十字花科

建議栽種較容易栽培，屬於小型品種的迷你蕪菁。雖然幾乎整年都能播種，但初學者建議於較容易栽培的秋季播種。易遭害蟲侵害，最好覆蓋防寒紗採用無農藥栽培。適當地疏苗即可栽培出渾圓碩大的蕪菁。

	1	2	3	4	5	6	7	8	9	10	11	12
播種		春播						秋播				
照料		疏苗（春播） 追肥（春播）						疏苗（秋播） 追肥（秋播）				
採收				春播					秋播			

澆水

炎熱時期避免缺水

播種後充分澆水，之後等土壤表面乾掉再充分澆水。較不耐乾燥，炎熱時期更應避免缺水。

肥料

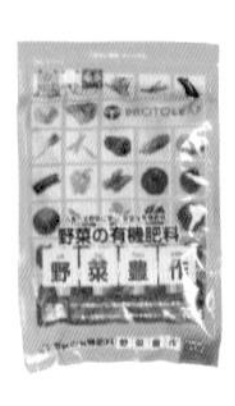

避免肥料施用過度

疏苗後施肥，撒上10g左右的固體肥料就足夠了，施肥過度反而不好。

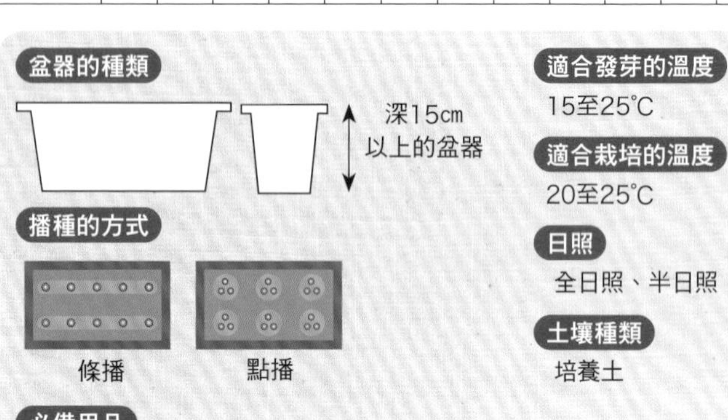

播種

1 選種

直接播種就能發芽，種子前一晚預先泡水會更容易發芽。

2 播種

採用條播或點播方式，間隔10cm播下種子，條間隔10cm以上可播2條，覆土後澆水。

照料

3 發芽・疏苗（第1次）

播種後1週左右就會慢慢長出子葉，發芽後疏苗為間隔3cm，輕輕地拔出嫩芽。

4 疏苗（第2、3次）

長出3至4片本葉後，疏苗為間隔5至6cm，長出5至6片後疏苗為間隔10至12cm，分階段進行。

5 追肥

疏苗後將10g左右的固體肥料撒在條間，然後往植株基部培土。

採收

6 正式採收

土壤表面出現渾圓飽滿的果實，直徑約5cm即可採收，以手拔出後填回土壤。

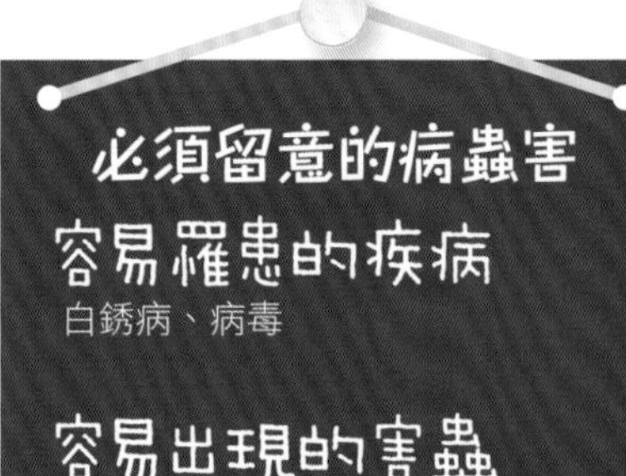

種一次能採收5至6年

韭菜

分類：百合科

抗病蟲害與抗寒暑能力強，在半日照環境下也能健康地成長，是推薦在陽台上栽培的蔬菜。採收時留下植株基部就會繼續長出新芽，可持續採收5至6年。到秋天會開出白色花朵，開花（抽梗）後植株會有所損耗，必須及早摘花。

	1	2	3	4	5	6	7	8	9	10	11	12
播　種		春播	━	━				秋播	━			
照　料		疏苗（春播）	━	━								
			━	━	━	━	━	追肥				
採　收		（春播・秋播都在此時期採收，可持續5至6年）		━	━	━	━	━	━	━		

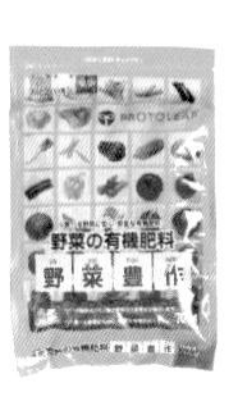

澆水

充分澆水

土壤乾掉前充分澆水

土壤太乾燥時葉片會變硬，易引發蚜蟲等蟲害，建議整年都置於涼爽的半日照環境中，在土壤乾掉前就充分澆水。

肥料

採收就追肥

每次採收後再追肥就會再次長出植株，可多次採收。稍微遠離植株撒上10g左右的固體肥料，或於澆水時噴灑液態肥料。

盆器的種類

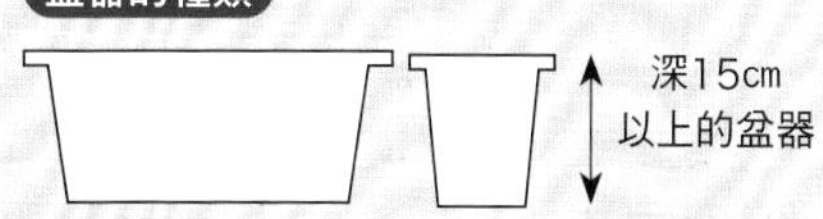

深15cm以上的盆器

播種的方式

點播

適合發芽的溫度

20℃左右

適合栽培的溫度

15至20℃

日照

半日照

土壤種類

培養土

必備用品

盆器、培養土、盆底石、化合肥料、移植鏝、剪定鋏

播種

1 選種

春播、秋播皆可採收至11月為止，但初學者以春播較容易栽培。

2 播種

盆器裝土後充分澆水，間隔15至20cm挖出深1cm的栽植穴，每穴播下5至6粒種子，薄薄地覆上一層土後澆水。

3 發芽

播種後10天左右就會陸續發芽。

照料

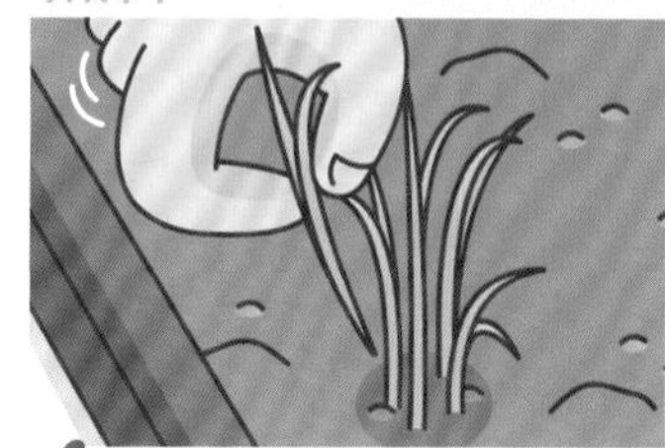

4 疏苗

長出4至5片本葉後，太擁擠的部分需拔除幼苗，疏苗至葉片不會彼此碰觸到的程度。

5 追肥

疏苗後稍微在遠離植株處撒上10g左右的固體肥料，每次採收後都追肥。

採收

6 採收

長高至20cm以上後，從距離植株基部數公分處以剪刀採收需要部分。

必須留意的病蟲害

容易罹患的疾病

軟腐病、病毒、銹病、白斑枯葉病

容易出現的害蟲

蔥蚜、蔥小蛾、根蟎

可輕鬆摘取隨時使用的便利蔬菜

鴨兒芹

分類：繖形花科

烹調湯品或煮物等日式菜餚時常用於增添色彩，只要種上一盆，料理時就很方便的蔬菜。原產於日本，所以非常適合在日本風土氣候下栽種。在半日照或陰暗環境下都能好好成長，不缺水的話，不去理會也沒關係。留下植株基部約5cm就會再長出新芽，可多次採收。

	1	2	3	4	5	6	7	8	9	10	11	12
栽　種				春植						秋植		
照　料				覆蓋（春植防乾燥） 追肥（春植）					覆蓋（秋植 防霜）	追肥（秋植）		
採　收					春植							秋植

澆水

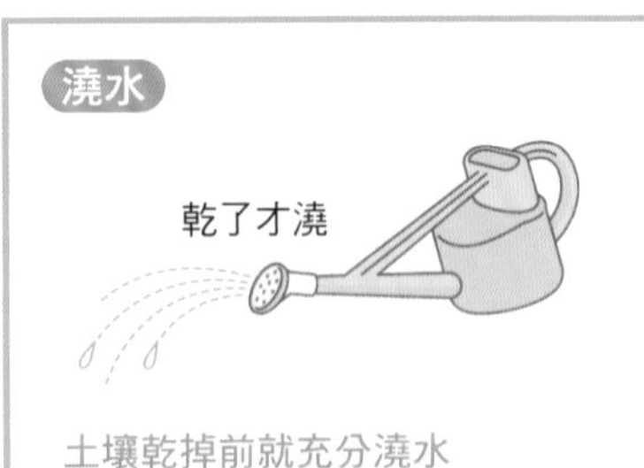

土壤乾掉前就充分澆水

忌乾燥土壤，喜歡飽含水分的土壤，建議在土壤乾掉前就充分澆水。

肥料

採收就追肥

每次採收後追肥，保留的植株就會再發芽，可多次享受採收樂趣。在離植株稍遠處撒上10g左右的固體肥料，或於澆水時噴灑液態肥料。

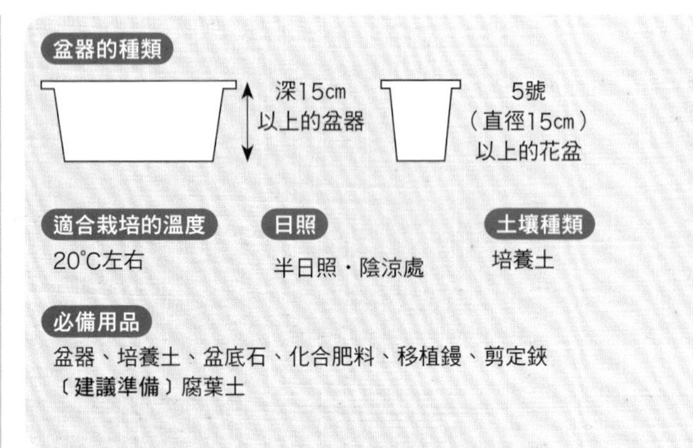

盆器的種類

深15cm以上的盆器

5號（直徑15cm）以上的花盆

適合栽培的溫度

20°C左右

日照

半日照・陰涼處

土壤種類

培養土

必備用品

盆器、培養土、盆底石、化合肥料、移植鏝、剪定鋏

〔建議準備〕腐葉土

栽種

1 選苗

前往園藝店選購葉多且深綠的健康幼苗。

2 栽種

避免破壞根團，栽種後充分澆水，亦可於植株基部覆蓋腐葉土以防止乾燥（冬季防霜）。

照料

3 追肥

置於半日照的陰涼場所，在植株長高到8至10cm後追肥，或者在栽培過程中採收後就施用少許化合肥料，再往植株基部培土。

採收

4 採收

長高至20cm以上時，植株基部留下3至4cm，只收割必要部分。

5 摘除花莖

初夏期間抽出花莖（抽梗），葉片就會開始硬化，應及早摘除。

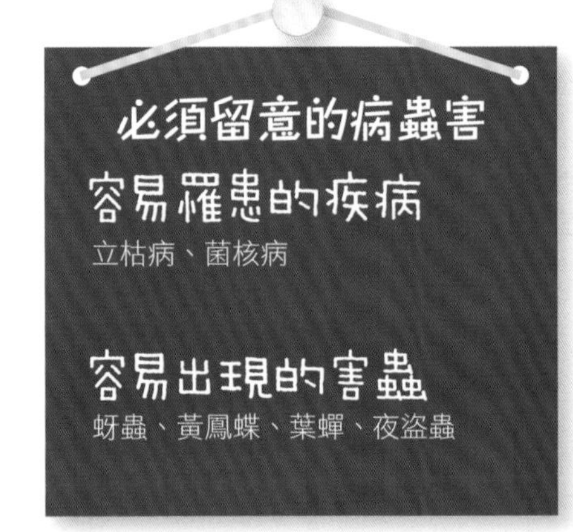

盆器的種類

深15cm以上的盆器

5號（直徑15cm）以上的盆器

適合栽培的溫度

15至25℃

日照

全日照、半日照

土壤種類

培養土

必備用品

盆器、培養土、盆底石、化合肥料、移植鏝、剪定鋏

整年都可採收的香味蔬菜

巴西里

分類：繖形花科

巴西里為兩年生草本植物，春季栽種可採收至隔年5月開花（抽梗）為止，喜歡通風良好又涼爽的場所，夏季應置於北側或東側等比較不會照射到陽光的場所，冬季則以較溫暖的南邊比較適合栽種，土壤乾掉前就需充分澆水。

	1	2	3	4	5	6	7	8	9	10	11	12
栽　種			春植					秋植				
照　料			追肥（春植）					追肥（秋植）				
採　收		秋植						春植				秋植

1 選苗

前往園藝店選購葉色深綠，無枯萎現象的健康植株。

2 栽種

避免破壞根團，栽種後植株基部略高於土壤，培土後充分澆水，置於陰涼處2至3天。

3 採收

葉片長大後摘取必要部分，亦可從植株基部收割。

4 追肥

採收後（應避開炎夏與寒冬）每週追肥一次。

盆器的種類

5號（直徑15cm）以上的盆器

適合栽培的溫度

15至25℃

日照

全日照、半日照

必備用品

盆器2個、藍莓專用培養土、盆底石、酸性肥料、移植鏝、剪定鋏

土壤種類

藍莓專用土

利用盆植挑戰果樹栽培！

藍莓

分類：杜鵑花科

分為耐寒能力強的高叢藍莓與適合溫暖地區栽種的兔眼藍莓等品種。栽種1棵會無法結果，必須同時栽培2棵以上。喜歡酸性土壤，因此宜購買市售的藍莓專用培養土，化合肥料也要選用酸性的。

	1	2	3	4	5	6	7	8	9	10	11	12
栽　種			春植						秋植			
照　料	追肥											
採　收												

1 選苗

依地區選購適合栽培的品種，必須栽種2棵以上以促進受粉。

2 栽種

1個盆器栽種1株幼苗後充分澆水至盆底出水，1個月後架設支柱，再抓一把（約10g）酸性肥料進行追肥。

3 開花

開花後每個盆器分別進行第2次追肥。

4 結果（採收）

果實轉紅後數日呈藍紫色時即完全成熟，用手一摸就會掉落即表示可採收了。

盆器的種類

深20cm以上，深一點的塑膠盆器

適合栽培的溫度

23至28℃

日照

全日照

必備用品

盆器、培養土、盆底石、化合肥料、移植鏝、剪定鋏

土壤種類

培養土

順利地度過夏日，營養豐富，吃起來滑溜的蔬菜。

黃秋葵

分類：錦葵科

黃秋葵的黏液中富含果膠與黏蛋白，營養非常豐富，和木槿同為錦葵科植物，屬於夏季蔬菜，應避免缺水，土壤乾了之後就充分澆水吧！使用固體肥料時每次撒上約10g，使用液體肥料就於澆水時一併噴灑即可。

	1	2	3	4	5	6	7	8	9	10	11	12
栽　種												
照　料					追肥			摘除側芽・摘菜				
採　收												

1 選苗

黃秋葵屬於不適合換盆的蔬菜，儘量挑選嫩一點的幼苗，及早栽種吧！

2 栽種

避免破壞根團，儘量種淺一點，充分澆水後，置於陰涼處2至3天。

3 開花・追肥

開始開花後每2週追肥一次。

4 採收

黃秋葵莢長大到5至6cm後則需剪下進行採收，不採收會硬化，也會導致新莢成長變慢，建議及早採收。

盆器的種類

10號（直徑30cm）以上的深盆（深度20cm以上）

適合發芽的溫度

20至25℃

適合栽培的溫度

15至25℃

日照

全日照

必備用品

育苗盆、盆器、培養土、盆底石、化合肥料、移植鏝、剪定鋏

土壤種類

培養土

可大量採收味道鮮甜的莖＆花蕾

莖花椰菜

分類：十字花科

食用部位為花蕾與莖的十字花科植物，是由花椰菜與芥藍菜雜交改良後的品種。花椰菜通常一棵只能採收一個花蕾，但莖花椰菜會長出側芽，可採收10至15個花蕾。

	1	2	3	4	5	6	7	8	9	10	11	12
播　種					春播				秋播			
照　料	追肥（春播）				加土（春播） 摘蕾（春播）		追肥（秋播）				摘蕾（秋播）	
採　收					春播				秋播			

1 播種

育苗盆裝入培養土後，灑水使土壤飽含水分，再以點播方式播下4至5粒種子，覆土約1cm後置於陰涼處至發芽為止。

2 栽種

發芽後疏苗，拔除瘦弱的幼苗，分別以育苗盆栽培到長出3至4片本葉後，避免破壞根團，移植到盆器裡。

3 加土・摘蕾

長出7至8片本葉後，往植株基部加土，植株尾端的花蕾長至2cm左右時摘除，促使側芽成長。

4 採收

當由側芽長出的莖成長至15cm左右，趁花蕾開花前，連同中心的莖，由植株基部切斷採收。

盆器的種類

5號（直徑15cm）以上的盆器

必備用品

盆器、培養土、盆底石、化合肥料、移植鏝、剪定鋏

適合發芽的溫度

25至30℃

適合栽培的溫度

20至30℃

日照

全日照

土壤種類

培養土

辛辣無比的大紅色香辛料

辣椒

分類：茄科

三大香辛料之一，具增進食欲作用。栽培起來很簡單，方法與種甜椒相同。喜歡富含水分的土壤，充分澆水後置於陽光充足的場所栽培吧！發芽前應避免乾燥。

	1	2	3	4	5	6	7	8	9	10	11	12
播　種												
照　料		追肥		加土	摘蕾							
採　收												

1 播種

培養土完全潤濕後挖好6至7個栽植穴，以點播方式分別播下1粒種子，覆土後蓋上舊報紙避免土壤乾掉，一直蓋到發芽為止。

2 疏苗

發芽、長出本葉，幼苗越來越茂盛後疏苗，再往植株基部加土好讓幼苗長得更穩固，最後只將1棵植株培養長大。

3 追肥

開出白色星形花後，10天至2週追肥一次。使用固體肥料時一次撒上10g左右，液態肥料則於澆水時噴灑。

4 採收

將已經轉變成紅色的果實儘快以剪刀採收，植株就會繼續開花。最後將整棵拔起擺在通風良好的場所曬乾。

盆器的種類

深15cm以上的盆器

5號（直徑15cm）以上的盆器

適合發芽的溫度

15至20℃

適合栽培的溫度

20℃左右

日照

全日照

土壤種類

培養土

必備用品

盆器、培養土、盆底石、化合肥料、移植鏝、剪定鋏

散發芝麻香氣與類似芝麻菜的辛辣風味

芝麻菜

分類：十字花科

特徵為散發芝麻香氣，像水蔊菜般略帶苦味與辛辣味道的葉菜類蔬菜。春季播種時於6至8月抽梗後開白花，開花後葉片會老化，採收量也會因此減少，建議在開花前將花莖摘除。

	1	2	3	4	5	6	7	8	9	10	11	12
播種		春播								秋播		
照　料					追肥（春播）					追肥（秋播）		
採　收	秋播					春播					秋播	

1 播種

壓好淺溝，採用條播方式，條間隔有10cm以上時可播2條。覆土後充分澆水。

2 疏苗

發芽後長出1至2片本葉，越來越茂盛後疏苗，疏苗後往植株基部培土，好讓植株更穩定。

3 追肥

長出4至5片本葉後，於澆水時噴灑液態肥料，每2週一次，亦可撒上10g左右的固體肥料。

4 採收

成長至15cm以上後從植株基部剪斷收割。

不太需要費心栽培的健康蔬菜

洋蔥

分類：百合科

洋蔥具備預防血栓、降低血糖、恢復疲勞、安定心神等作用，營養豐富，能量充足，是可栽培過冬的代表性蔬菜。種在盆器裡也可充分成長，喜歡酸鹼值為pH6.5至7.0的土壤，建議使用新的培養土，使用舊土時最好拌入苦土石灰後使用。

	1	2	3	4	5	6	7	8	9	10	11	12
栽種										━	━	
照料	━	━	━	追肥					培土	━	━	
採收				━	━							

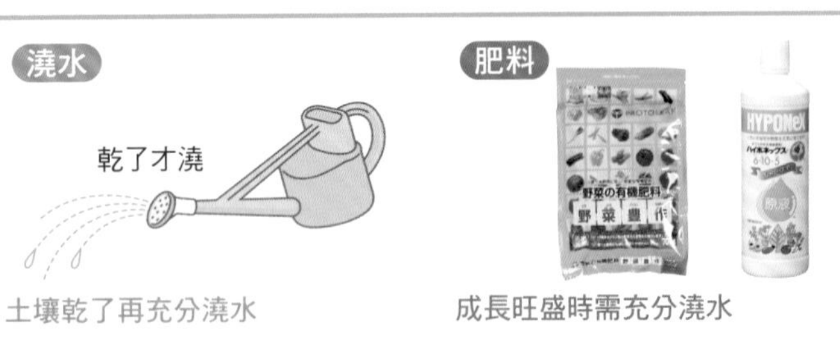

土壤乾了再充分澆水

栽種後確實地澆水，之後等土壤乾了再澆水就夠了。寒冬時期建議趁中午前較溫暖的時候澆水。

成長旺盛時需充分澆水

栽種後，寒冬時期1個月施肥一次，使用固體肥料時撒上約10g，或於澆水時噴灑液態肥料。2月下旬後成長旺盛時每2週施肥一次。

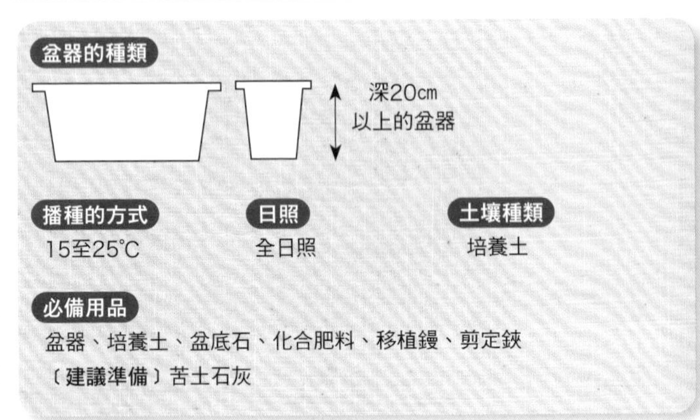

盆器的種類

深20cm以上的盆器

播種的方式

15至25℃

日照

全日照

土壤種類

培養土

必備用品

盆器、培養土、盆底石、化合肥料、移植鏝、剪定鋏

〔建議準備〕苦土石灰

栽種

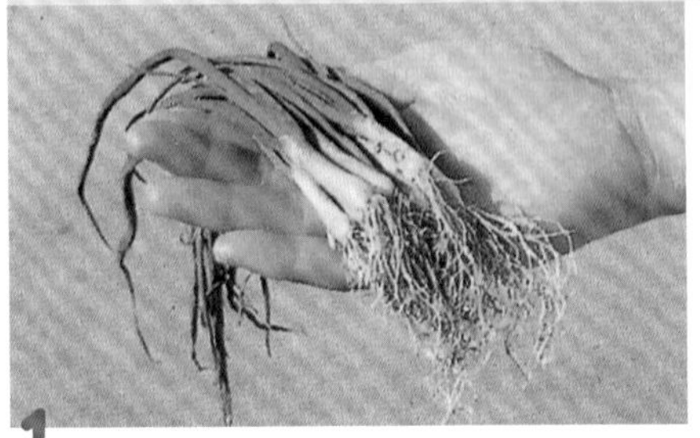

1 選苗

以莖部為7至8mm的幼苗最理想，3mm以下無法承受寒冷的天氣，15mm以上擔心抽梗。

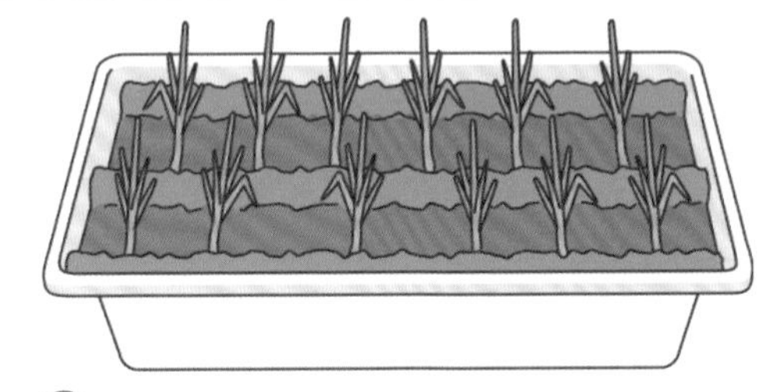

2 栽種

栽種一列時，植株間距需有10至2cm，兩列時條間隔需有15至20cm，栽種深度為蔥白部分的二分之一。

訣竅！

避免抽梗

洋蔥長大到一定大小後就會因為對寒冷產生反應而抽出花梗。在長到該大小前過冬就能避免長出花梗，因此建議選種莖部為7至8cm的幼苗。

照料

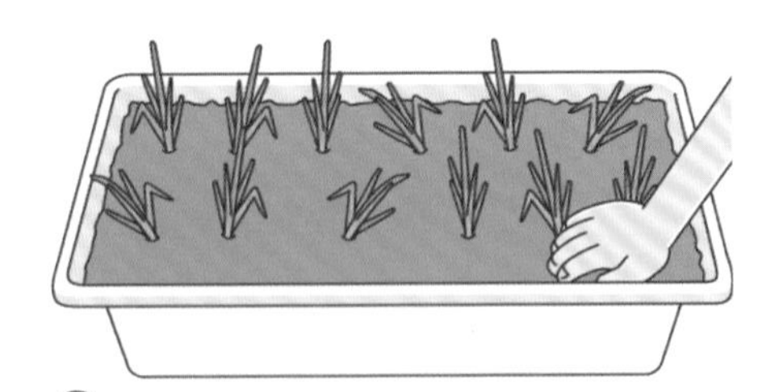

3 培土

往植株基部培土後，輕壓土壤避穩定植株。

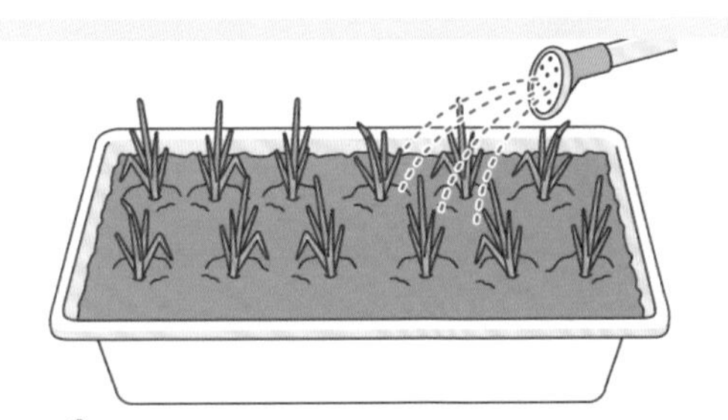

4 置於陰涼處2至3天

充分澆水至盆器底部出水後，置於陰涼處2至3天，再移到陽光充足的場所。洋蔥的耐寒能力強，移到室外栽種也OK。

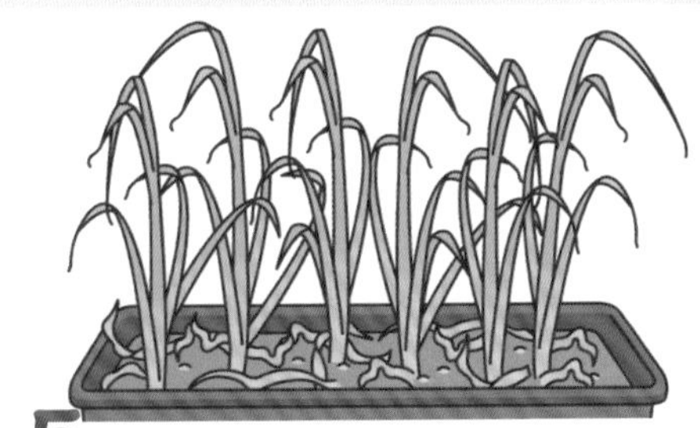

5 過冬要點

冬季期間土壤乾掉就澆水，但要儘量在較溫暖的上午澆水。

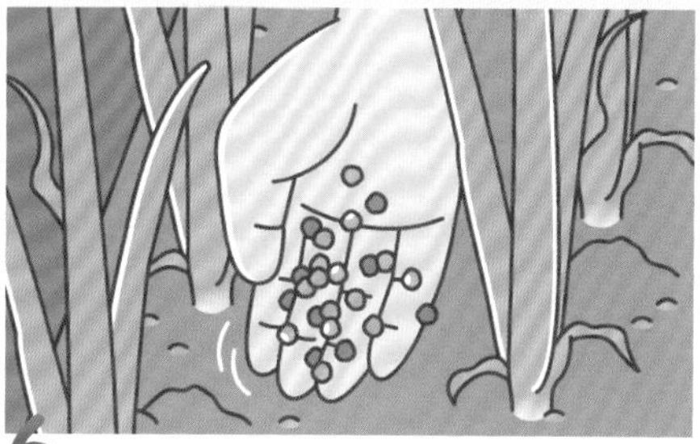

6 追肥

寒冷時期1個月一次，2月下旬起每2週一次，以此間隔撒上10g左右的固體肥料。

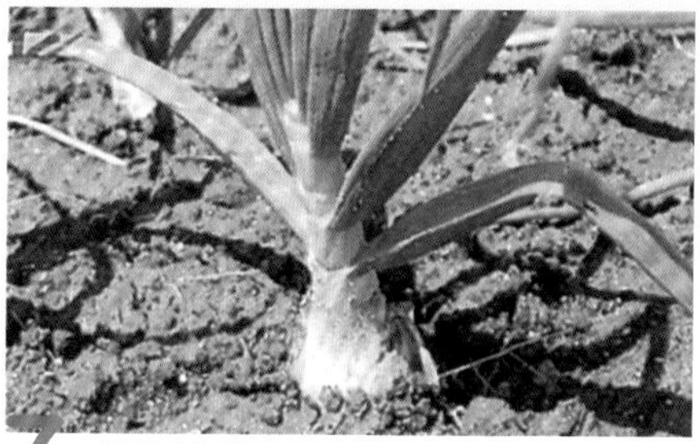

7 葉片變黃

一到了春天，蔥球（莖的基部）會越長越大，葉片也漸漸變黃。

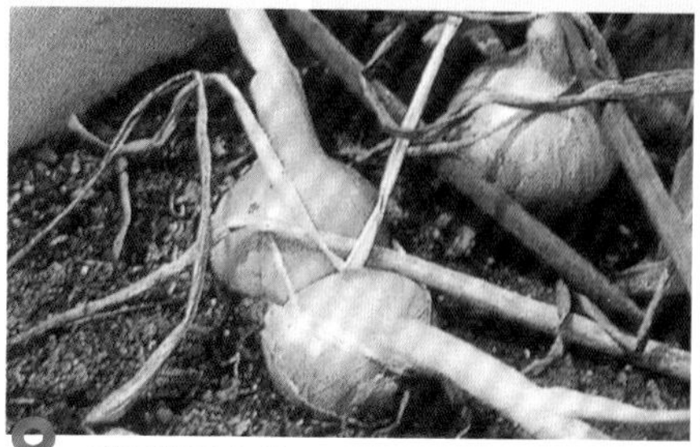

8 蔥球肥大化

蔥球變得又大又圓，莖葉倒掉，葉片還是綠色時就能採收。

採收

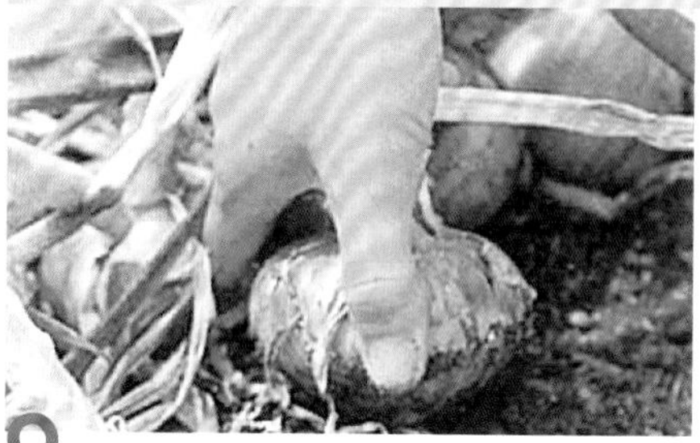

9 採收

選一個晴朗的日子將洋蔥連同植株整個拔起，拔不起來時可握住植株基部用力拔。

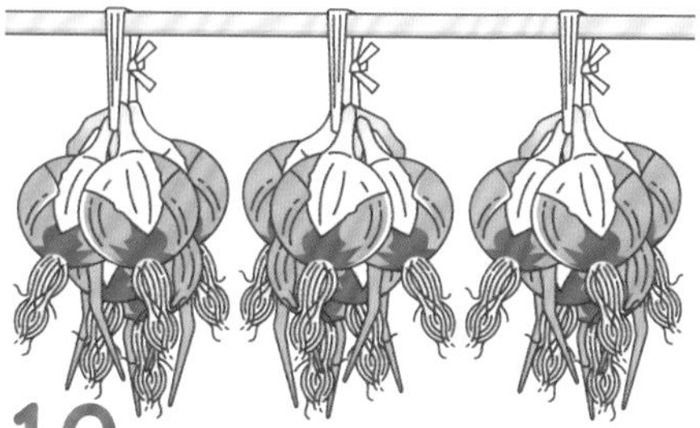

10 乾燥

採收後置於通風處吹乾多餘水分，再掛至陰涼處乾燥。

訣竅！

太晚採收容易腐爛

葉子完全枯萎後才採收，蔥球容易腐爛。建議趁葉子還沒完全枯萎就採收，然後連皮一起在陰涼處晾乾後保存，冷藏保存時溫度需維持在0至2℃。

藤田老師的建議

迷你洋蔥與一般洋蔥都適合以盆器栽培

盆器除栽種一般洋蔥外，也能栽種大小如10硬幣，大約一口大小的迷你洋蔥（又稱Picolos）。迷你洋蔥的採收量大於一般洋蔥，因此不妨配合喜好試著種看看。種法與一般洋蔥相同。

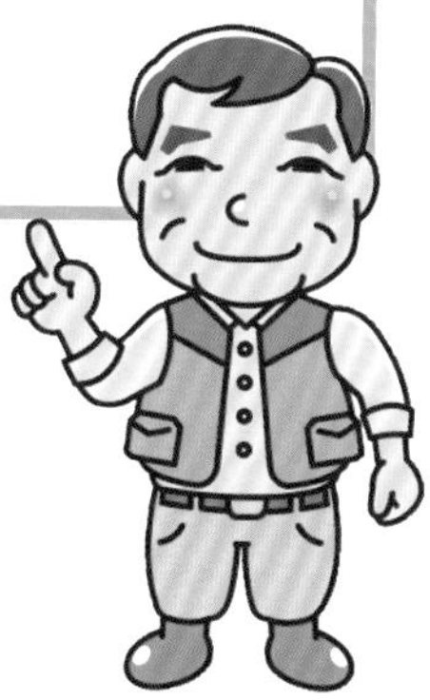

成功地打造盆植菜園的訣竅

重點為種淺一點 但根部必須完全埋入土裡

栽種植物時總是想把植株基部深深地埋入土裡，不過栽種洋蔥時基本上應該種淺一點，因為種太深蔥球不易長大，但根部不能露出土壤表面喔！最初的栽種狀況將是能不能長出大顆又美味的洋蔥之重要關鍵。

立即解開你的疑惑迷你Q&A！

Q **栽種過程中洋蔥葉變成黃色，難道是失敗了嗎？**

A 蔥球長大後，葉子變黃表示已經到了洋蔥的採收時期。葉子變黃倒掉，清楚地看到蔥球浮出土壤表面，變得又肥又大時，即表示洋蔥已經可以採收了。看不到蔥球時，可用手微微地撥開土壤表面確認。

必須留意的病蟲害

容易罹患的疾病

銹病、露菌病、軟腐病

容易出現的害蟲

蚜蟲、瘻蠅、蔥薊馬、切根蟲

果實小巧口感鬆軟，讓人大滿足！

迷你南瓜

分類：瓜科

不易遭到病蟲害，易於栽培的蔬菜。栽種後會很快地爬滿瓜藤，建議勤快地摘心或摘除側芽，以便結出小巧可愛的果實。1棵植株結出2至3個果實最為恰當。採收後擺放3至4星期，澱粉糖化後味道會更甜美。

	1	2	3	4	5	6	7	8	9	10	11	12
播種・栽種				播種	播種、栽種	栽種						
照　料						摘芯、追肥	授粉、追肥	追肥				
採　收							採收	採收	採收			

澆水

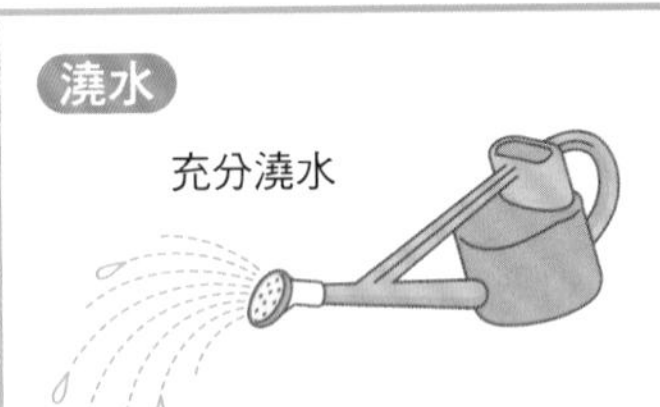

育苗過程中避免乾燥

育苗過程中確實保濕以免土壤太乾燥吧！栽種後等土壤乾掉就充分澆水。

肥料

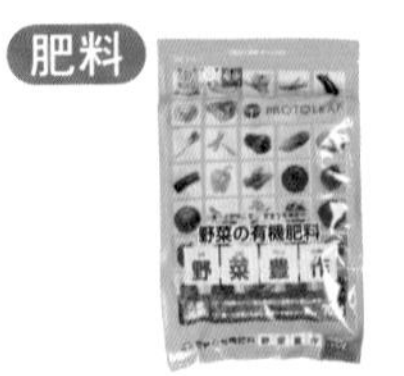

施肥過多易造成蔓痴呆

是在貧瘠的土壤也能栽種的蔬菜，施肥過多易造成瘋長，每2週追肥一次就夠了，使用固體肥料時約撒上10g左右，液態肥料則於澆水時一併噴灑。

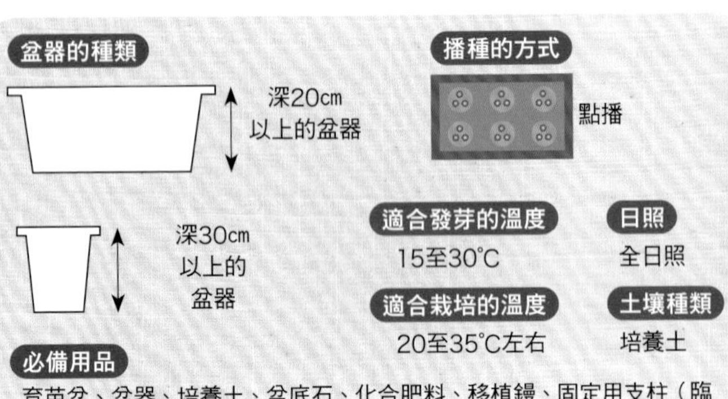

播種

1 選種

欲於5月上旬至中旬栽種時，必須於4月上、中旬準備好種子。需挑選顆粒大、形狀佳的種子。

2 播種

4月份播種時，最好播在育苗盆裡，置於室內等比較溫暖的場所。以點播方式將2至3粒種子撒在播種專用土壤裡。

3 發芽

適合發芽的溫度為15至30℃，蓋上寶特瓶剪成的蓋子，做成迷你溫室就能保溫，促進發芽。

照料

4 保濕・追肥

避免缺水，每週追肥一次，於澆水時噴灑液態肥料。

5 疏苗

長出嫩芽後留下生長狀況良好的芽，剩下的都拔除。

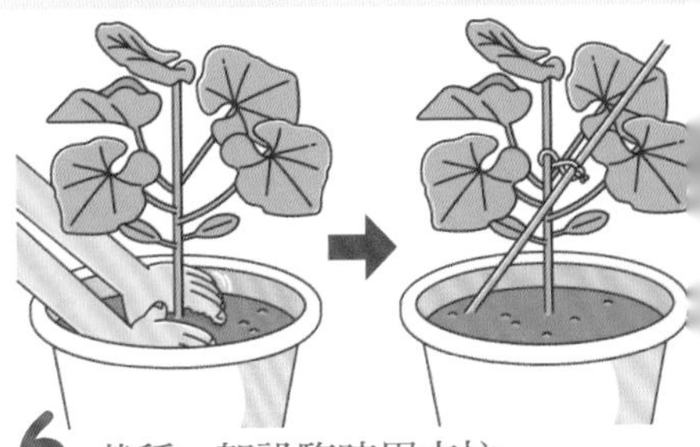

6 栽種・架設臨時用支柱

長出4至5片本葉後，避免破壞根部土團，小心移植入種入盆器裡，斜斜地架設支柱後充分澆水。

7 架設主支柱

在瓜藤攀爬前就架設好主支柱，建議架設燈籠式支柱。

8 摘芽・摘心

瓜藤長長後摘除葉柄基部的側芽，一面引導且一面栽培主藤，等主藤爬到支柱頂端後摘除尾端。

9 開花

播種後經過2個月左右開黃色花。先開雄花，再開雌花。

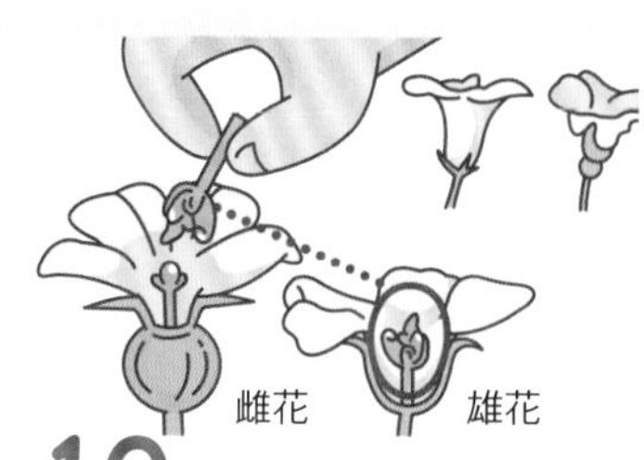

10 人工授粉

早上9點前趁花粉量最多的時候，將雄花粉塗抹在花朵基部較胖的雌花蕊上完成人工授粉。

11 結果

授粉後雌花基部漸漸長大，呈現出果實的形狀。

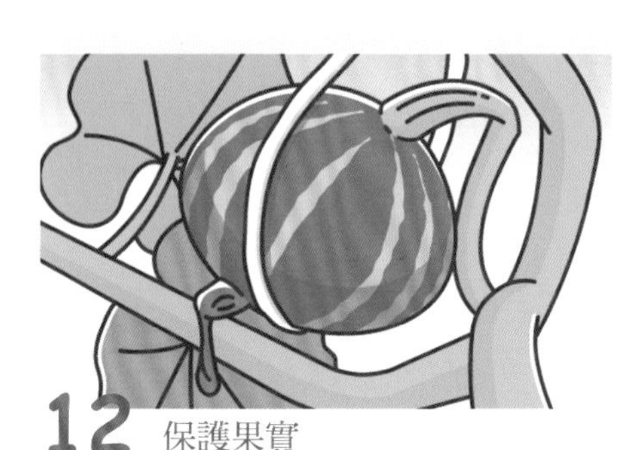

12 保護果實

果實漸漸長大後，以寬繩（打包用）綁緊支撐、保護。成長過程中必須確實澆水。

採收

13 採收

開花後經過35至40天即可採收。連結瓜藤與果實的部分變成軟木塞狀後即可剪下果實。

藤田老師的建議　初學者可購買南瓜苗

從種子開始栽培時必須留意溫度調節問題，步驟3已介紹過促進發芽的要點，還不熟悉盆器種菜要領的人可栽種市面上購入的瓜苗。建議挑選已經長出3至4片葉子，沒有病蟲害的健康幼苗。

成功地打造盆植菜園的訣竅　預防白粉病要點為「通風」

南瓜最容易罹患的疾病為白粉病，罹患白粉病的情形為葉片上出現白粉狀黴菌，不久後就會蔓延至所有的葉片，嚴重干擾植物行光合作用，導致生長不良，不結果實（或果實長不大）。南瓜罹患白粉病後必須噴灑藥劑或摘除葉子，是非常麻煩的疾病。預防方法為加強通風，種在通風效果較差的陽台等地方時更應留意。南瓜的葉子很大，容易長得很茂盛，需定時整理瓜藤。

小知識

採收南瓜後一定要按捺住立即享用的念頭，建議擺放3星期後再吃，味道一定比採收後馬上吃更甜美，因為南瓜裡的澱粉會轉化為糖分。栽種南瓜比較不容易從外觀上判斷採收時期，建議記住授粉後35至40天就是最佳採收時機。

必須留意的病蟲害

容易罹患的疾病

白粉病、炭疽病、蔓枯病、褐斑病、露菌病、病毒

容易出現的害蟲

蚜蟲、番茄夜蛾、瓜絹野螟蛾、黃守瓜、粉蝨

夏季期間不斷地結果

小黃瓜

分類：瓜科

暑氣逼人的季節還不斷開花結果的小黃瓜是吃了後有助於身體降溫，最適合夏季的蔬菜。只要加強通風就不太會生病。細菌容易從摘心或摘側芽後的切口入侵，建議天氣晴朗時進行。

	1	2	3	4	5	6	7	8	9	10	11	12
栽　種												
照　料						追肥		架設支柱（補強）、摘除側芽				
採　收												

澆水

乾了才澆

肥料

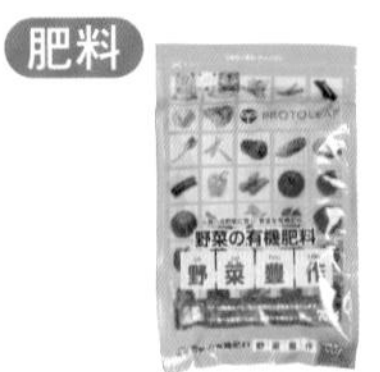

必須充分澆水

土壤表面乾掉後充分澆水。由於植株很會吸水，建議以比較不會乾燥的塑膠製容器栽種，夏季期間早晚都澆水吧！

不斷施肥就能長久採收

開花後即可開始追肥，每2週追肥一次，使用固體肥料時撒上10g且避免缺乏肥料。使用液態肥料時則於澆水時噴灑。

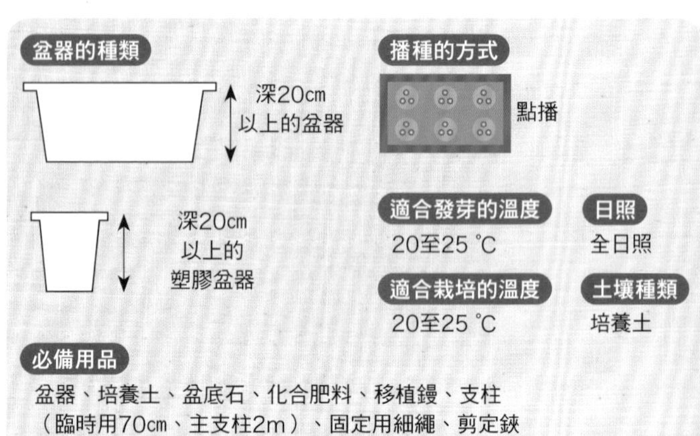

盆器的種類

深20cm以上的盆器

深20cm以上的塑膠盆器

播種的方式

點播

適合發芽的溫度

20至25 ℃

日照

全日照

適合栽培的溫度

20至25 ℃

土壤種類

培養土

必備用品

盆器、培養土、盆底石、化合肥料、移植鏝、支柱（臨時用70cm、主支柱2m）、固定用細繩、剪定鋏

栽種

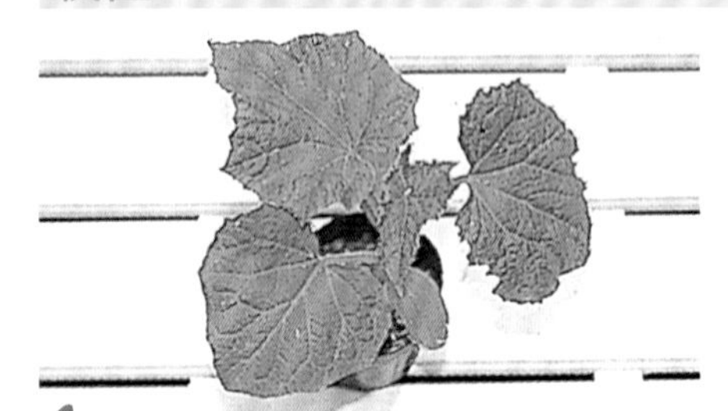

1 選苗

挑選子葉還在，節間較短，未罹患疾病的健康植株。適合栽種時期為5月上旬。

2 栽種

土壤上挖好栽植穴後，避免破壞根團，從育苗盆裡取出幼苗後淺淺種入。

照料

3 樹立臨時用支柱

避免剛栽種的瓜苗倒掉，稍微遠離植株基部，插入臨時用的短支柱，再將細繩繞成8字型以固定支柱與瓜苗。

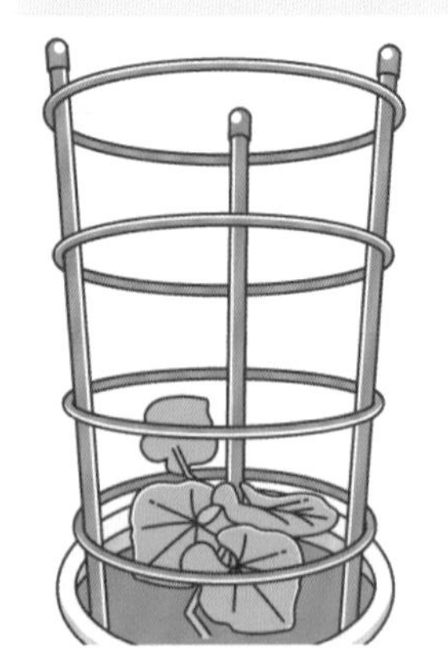

4 架設主支柱

栽種後經過1星期左右，莖部與瓜藤長高後架設主支柱，種在盆器裡時採用燈籠式支架會更方便。

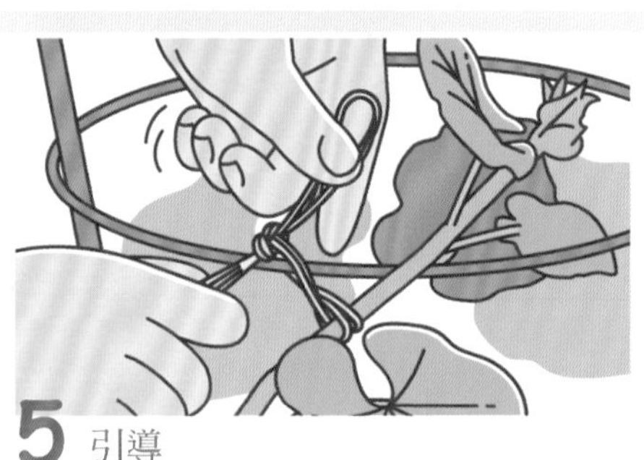

5 引導

同步驟**3**，以細繩配合成長適時地引導。

6 摘心

瓜藤攀爬到支柱高度後找一個晴朗的日子修剪掉主藤尾端，促使側芽長出，讓瓜藤往橫向生長。

採收

7 開花

開出雄花與雌花，花的基部圓胖的雌花會結出果實。

8 追肥

開花後將10g固體肥料撒在植株基部，與土壤稍微混合。每1至2星期追肥一次，可噴灑液態肥料。

9 結果・摘果

最初的2至3顆果實最好趁早採收以免植株耗費太多養分。

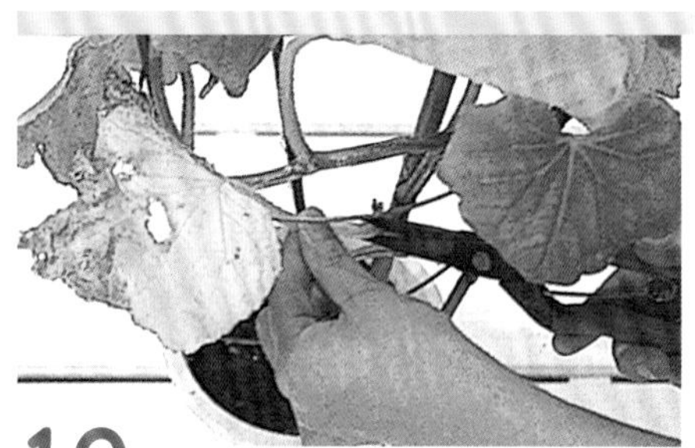

10 摘除側芽

梅雨季時摘除靠近地面部分的側芽可促進通風，亦具備預防疾病作用。

11 採收

果實長大到18至20㎝左右後正式採收，利用剪刀從蒂頭基部剪斷。觀察成長情形以免太晚採收。

12 禮肥

採收後務必施撒化合肥料。即可延長享受採收期間。

藤田老師的建議

學會栽種小黃瓜後不妨挑戰一般尺寸的黃瓜

超市販售的一般黃瓜和小黃瓜一樣，利用盆器就能栽培。栽種時需留意瓜藤的長度，重點為必須設立支柱，確實地引導。小黃瓜藤不會自動地爬上支柱，必須引導才會攀附在支柱上。

成功地打造盆植菜園的訣竅

開花至採收的期間很短！第1顆果實最好及早採收以免造成植株的負擔

開花至採收大約1星期，小黃瓜果實的成長期間很短，容易錯過採收第1顆果實的時機。及早採收第1顆果實就能降低對植株的耗損。遲遲不採收時容易因第1顆果實搶走養分，而影響其他果實的成長。結出第1顆果實時，植株通常還很小，讓果實長得太大也會影響到植株的成長。

立即解開你的疑惑迷你Q&A！

Q 同為瓜科的西瓜或南瓜採用人工授粉方式有助於結果，小黃瓜經過人工授粉後結果情形會變好嗎？

A 小黃瓜屬於同一植株就會開出雄花與雌花的「雌雄異花」，因為容易單為結果（不需授粉就會結果），因此不需要為了促進結果而進行人工授粉。

必須留意的病蟲害

容易罹患的疾病

白粉病、細菌性斑點病、炭疽病、蔓割病、褐斑病、露菌病

容易出現的害蟲

蚜蟲、番茄夜蛾、瓜絹野螟蛾、黃瓜守、粉蝨

選種適當的品種，種在盆器裡也能充分生長

迷你蘿蔔

分類：十字花科

長20cm左右的迷你蘿蔔，種在盆器裡也能充分地成長。土壤裡若是摻混有塊狀堆肥或石塊等就無法結出筆直的蘿蔔，建議使用顆粒均一的土壤。栽種期間不須換盆。

	1	2	3	4	5	6	7	8	9	10	11	12
栽　種				春播				秋播				
照　料				疏苗・培土 追肥（春播）	疏苗・培土 追肥（春播）				疏苗・培土 追肥（秋播）	疏苗・培土 追肥（秋播）		
採　收						春播					秋播	

澆水

土壤表面乾了再充分澆水

發芽前勤快地澆水避免土壤太乾燥，發芽後等土壤表面乾掉再充分澆水。

肥料

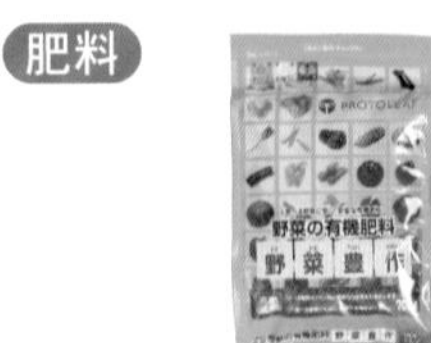

反覆追肥以促使根部長大

疏苗時就追肥以促進根部的成長，避免肥料不足，撒上10g化合肥料後往植株基部培土。

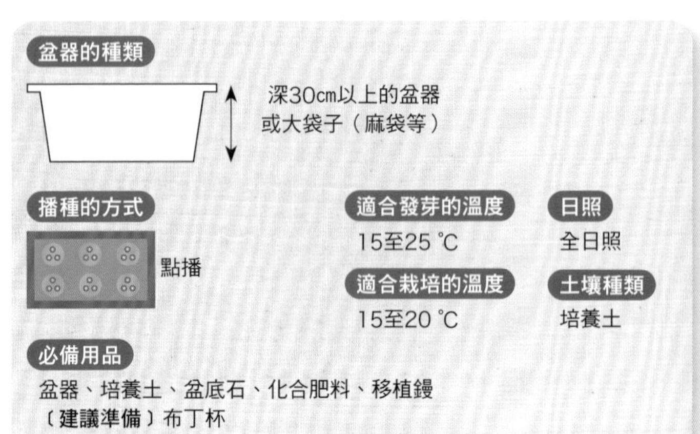

盆器的種類

深30cm以上的盆器
或大袋子（麻袋等）

播種的方式

點播

適合發芽的溫度

15至25 ℃

日照

全日照

適合栽培的溫度

15至20 ℃

土壤種類

培養土

必備用品

盆器、培養土、盆底石、化合肥料、移植鏝
〔建議準備〕布丁杯

播種

1 選種

種在深30cm以上的盆器裡栽培時，建議挑選根部長度為20至25cm以下的青首種，選擇春播後較晚抽梗的品種為佳。

2 挖播種孔

盆器裝入土壤後預留植株間距約20cm，挖好直徑約5cm、深約1cm的播種穴，以布丁杯來挖穴會更方便。

3 播種

每個播種穴中分別撒上4至5粒種子，種子撒開以免重疊在一起。

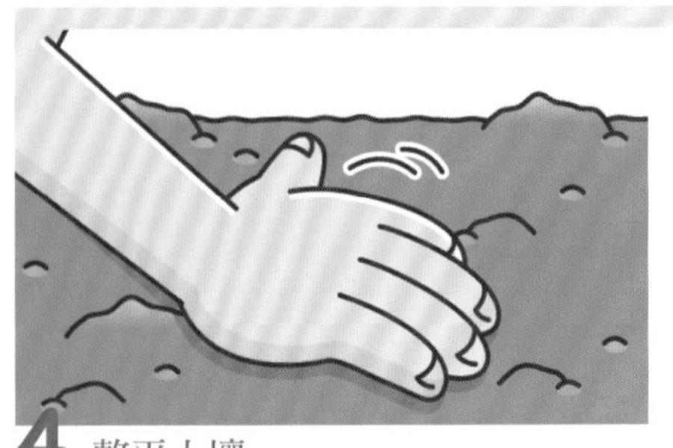

4 整平土壤

覆土後先以手掌輕壓土壤，再充分澆水。

5 發芽

播種後5至6天就會發芽。

6 長出本葉

再1週左右就會長出1至2片鋸齒狀本葉。

照料

7 疏苗（第1次）

長出1至2片本葉後疏苗，每處留下3棵幼苗，再往植株基部培土。

8 疏苗（第2次）

長出3至4片本葉後再度疏苗，每處留下2棵幼苗。

9 追肥

疏苗後依生長狀況施肥，將10g左右的化合肥料撒在植株基部後培土，好讓植株更穩定。

訣竅！

必須適時地疏苗與追肥

疏苗與追肥太早或太晚都會影響植株的生長，因此必須每天觀察成長狀況以免錯過時機。保留健康的幼苗，拔除生長狀況較差的幼苗。

10 疏苗（第3次）

長出5至6片本葉後進行最後一次疏苗，只保留1棵幼苗。按住希望保留的幼苗基部，輕輕地拔除其他幼苗。

11 培土

再次撒上10g左右的固體肥料後，輕輕地挑鬆土壤，再往植株基部培土。

採收

12 採收

根部長大，浮出土壤表面部分的直徑達5至7cm就是該採收的時候。拉住葉柄基部後用力拔出。

藤田老師的建議

春季播種時建議挑選比較不會抽梗的品種

蘿蔔較不耐熱，建議春季或秋季播種。春季播種時最擔心的是抽梗，市面上可買到比較不會抽梗的品種，建議選用該品種。選種時必須看清楚種子包裝袋背面的記載，選購適合居住地區栽種的品種。

成功地打造盆植菜園的訣竅

別覺得「可惜」，勤快確實地疏苗

播種後蘿蔔就會陸續長出綠油油的碩大葉片，越來越茂盛時必須疏葉，拔除碩大的葉片的確讓人覺得很不捨，但疏葉也是採收大顆蘿蔔絕對不可或缺的過程。確實地作好疏葉工作就是成功種出大顆蘿蔔的秘訣。

小知識

運用迷你蘿蔔的栽種要領也能夠種出根碩大的蘿蔔，但必須使用大於栽培迷你蘿蔔時用的盆器。找不到夠深的盆器時，用大布袋栽培也可以。

必須留意的病蟲害

容易罹患的疾病

黑腐病、白銹病、病毒、軟腐病

容易出現的害蟲

桃蚜、青蟲、小菜蛾、根瘤線蟲、菜心螟、潛蠅

每天早晨都能喝到現摘現打的蔬果汁！

迷你胡蘿蔔

分類：繖形花科

胡蘿蔔為富含胡蘿蔔素的黃綠色蔬菜，也是最適合打成蔬果汁的材料，每天早上使用現摘蔬果更是營養滿分。迷你胡蘿蔔屬於繖形花科，葉片也會散發出香草般的香氣，可用於煮湯等料理食用。

	1	2	3	4	5	6	7	8	9	10	11	12
播種		春播	━			秋播	━					
照料		疏苗・培土／追肥（春播）		━	━			━	━	疏苗・培土／追肥（秋播）		
採收					春播	━	━		秋播	━	━	

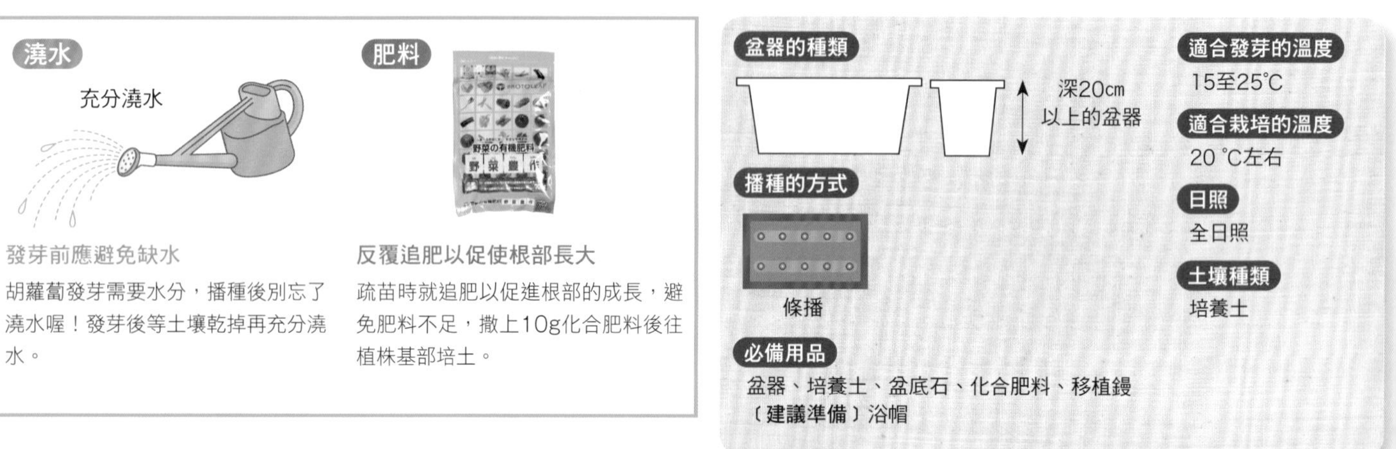

澆水

充分澆水

發芽前應避免缺水

胡蘿蔔發芽需要水分，播種後別忘了澆水喔！發芽後等土壤乾掉再充分澆水。

肥料

反覆追肥以促使根部長大

疏苗時就追肥以促進根部的成長，避免肥料不足，撒上10g化合肥料後往植株基部培土。

盆器的種類

深20cm以上的盆器

播種的方式

條播

必備用品

盆器、培養土、盆底石、化合肥料、移植鏝

〔建議準備〕浴帽

適合發芽的溫度

15至25℃

適合栽培的溫度

20 ℃左右

日照

全日照

土壤種類

培養土

播種

1 選種

碩大飽滿的種子比較容易發芽，種在深20cm的盆器裡，建議挑選根部長度為15cm以下的品種。

2 壓上播種溝

盆器裝土後土壤表面壓上2條淺淺的播種溝，條間距離10cm以上。

3 播種

將種子播入溝裡，間隔1cm，播種太密時疏苗會很麻煩，因此建議耐心地播種，確實拿捏間距。

4 覆土

指尖輕撥播種溝兩側的土壤，薄薄地覆上一層土後以手掌輕壓土壤，再充分澆水。

訣竅！

光線＆水是發芽時不可或缺的要素

胡蘿蔔種子屬於「好光性種子」，照射光線後可促進發芽，薄薄地蓋上一層土壤就好。可利用噴霧器勤快地補給水分，或蓋上浴帽等防止乾燥。

5 發芽

胡蘿蔔的種子沒有照射到光線就很難發芽，因此需置於陽光充足的場所。更重要的是發芽前都不能缺水，必須每天澆水。

照料

6 疏苗

長出1至2片本葉後疏苗至間隔3cm，長出3至4片後疏苗至間隔5至6cm。

7 加土

加土以填補疏苗時形成的孔洞。

8 追肥

疏苗後將10g固體肥料撒在條間，再與土壤稍微混合。

9 培土

肥料與土壤混合後往植株基部培土以穩定植株。

10 根部肥大化

根部肥大化後，上部就會露出土壤表面，露出的部分會變成綠色，因此建議隨時加土以保護根部。

採收

11 採收

接近地面的根部長大至1.5cm左右時即可採收，可抓住葉柄基部後拔出，太晚採收根部會裂開，建議及早採收。

藤田老師的建議　胡蘿蔔不耐移植 最好直接播種

胡蘿蔔屬於會往下生長扎根的「直根性」植物，不耐移植，移植後形狀會變差，影響生長，建議直接播種栽培。勤快地澆水以免盆器裡的土壤太乾燥，即可提昇發芽率。一定要耐心地栽培喔！

成功地打造盆植菜園的訣竅　天氣炎熱時必須確實做好防乾燥對策

胡蘿蔔不耐炎熱與乾燥，喜歡涼爽的氣候，氣候持續炎熱時生長狀況就會變差，需將盆器移到涼爽的場所或促進通風，要多花些心思栽培。以防寒紗遮擋陽光也是很有效的辦法，請務必試試看。（炎熱時期的環境對策請見P.14），當然必須天天澆水。

小知識

胡蘿蔔的種子屬於「好光性種子」，顧名思義，就是「喜歡光線的種子」。因此胡蘿蔔播種時若覆土太厚，種子照不到陽光就很難發芽。大蒜與草莓類的植物也一樣。相反地，「厭光性種子」最怕光線，深深地播入土壤中也能發芽。南瓜與蘿蔔等植物的種子就屬於厭光性種子。

必須留意的病蟲害

容易罹患的疾病

白粉病、黑葉枯病、根腐病、病毒

容易出現的害蟲

黃鳳蝶、蚜蟲、根瘤線蟲

在廚房也能種！小巧的杯裝蔬菜

芽菜

芽菜類是指備有種子與水就能栽培，食用部分為新芽的蔬菜。
蘿蔔嬰、豆芽菜等都是頗具代表性的芽菜類蔬菜。
不佔空間，不需要準備專用栽種工具，
在任何地方都能栽種，不需費心栽培，
而且營養滿分，實在是好處多多。
隨時更換新鮮的水吧！

栽培過程中勿照射到光線

（必備用品）大型廣口瓶或玻璃杯
可遮光的物品（布、鋁箔等）
紗布

＜栽培方法＞※豆芽菜（黑豆芽）

1 利用布或鋁箔遮擋光線

將水倒掉，洗好種子後，以紗布覆蓋瓶口，再以橡皮筋固定。然後利用布或鋁箔包覆整體以遮擋住光線。

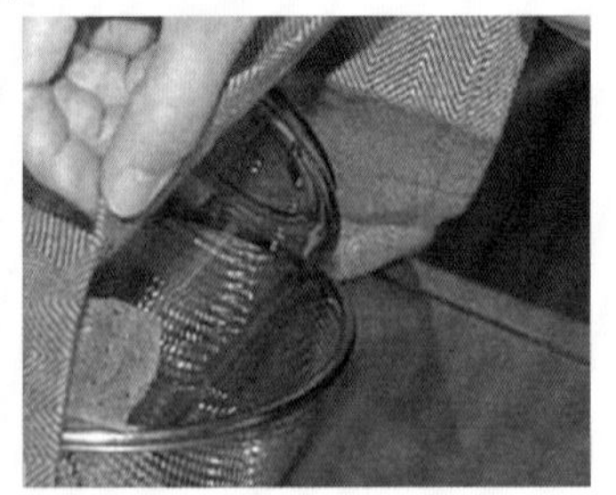

2 早晚換水至發芽

每天早晚換上新鮮的水，輕輕地涮洗瓶罐中的豆子後瀝乾水分。

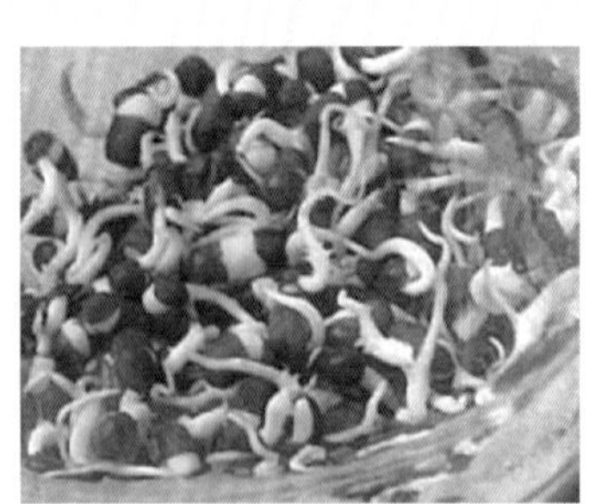

3 早晚換水至發芽

每天早晚換上新鮮的水，輕輕地涮洗瓶罐中的豆子後瀝乾水分。

4 栽培7至10天左右即可採收

成長速度飛快，栽培長大後就採收吧！記得請先沖洗掉豆子的外皮。

可栽種的種類

黃豆芽

促使黃豆發芽後採收的豆芽，豆粒部分大於一般豆芽菜，蛋白質、鉀等營養成分豐富，栽培方法簡單，建議初學者嘗試。

苜宿芽

苜宿的新芽，歐洲各國自古栽培作為牧草，因富含蛋白質、胡蘿蔔素、鉀、維生素C、膳食纖維等成分而成為目前廣受矚目的綜合營養食品。

成功栽培芽菜類蔬菜的秘訣

最常見的失敗情形為發霉，困難處在於沒照射光線，容易形成黴菌喜歡的環境。所以在栽培前種子必須確實洗淨，栽培過程中也要勤快地換水，避免雜菌產生或繁殖。

栽培時必須照射光線

（必備用品）大型廣口瓶或玻璃杯
紗布或綿布
可遮光的物品（布、鋁箔等）
噴霧器

＜栽培方法＞※蘿蔔嬰

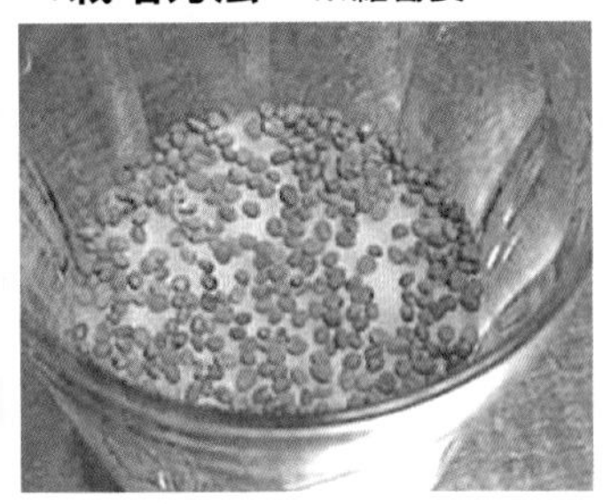

1 將種子播在具保水性的襯墊上

將紗布或綿布等具有保水性的物品，鋪在平底瓶罐或玻璃杯的底部，注水潤濕後撒上種子。

2 以厚布遮擋光線

蓋上厚布或已戳出透氣孔的鋁箔紙等，避免照射到光線，約20℃就會發芽，冬季期間請移至溫暖的場所。

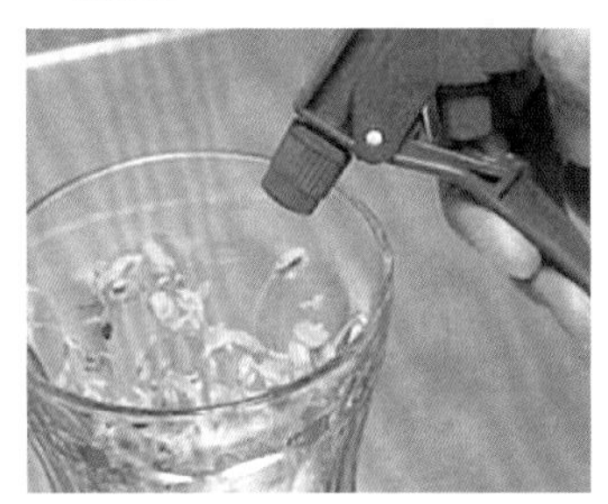

3 噴水

一天1至2次，每天利用噴霧器噴水，2天左右就會發芽。

4 栽培7至10天即可採收

胚軸長高到3至4cm時即可照射光線，長出根部後可直接以水龍頭澆水，7至10天後就能採收。

可栽種的種類

蘿蔔嬰

廣泛食用的芽菜類之一，以蘿蔔種子培養的嫩芽，散發蘿蔔特有的辛辣香味與脆嫩口感，適合用於調理蔬菜沙拉。溫暖時期培養4至5天就能採收。

蕎麥芽

莖部為粉紅色，植株可長高至18cm左右。蕎麥芽含抗氧化作用強勁的芸香苷，以及降低中性脂肪作用的膽鹼等成分，營養豐富，可生食為芽菜類的最大優點。

紫色甘藍芽

以鮮豔的紅紫色為餐桌增添色彩，除外觀漂亮外，維生素也很豐富。無特殊氣味，搭配任何菜餚都不會影響味道，直接調理成蔬菜沙拉也很美味。種子很小，需要較長時間才會長出根部，要耐心地噴水栽培。

綠花椰菜芽

綠花椰菜的嫩芽，富含蘿蔔硫素成分，攝取後可提昇體內的抗氧化與解毒等作用，近年來相當受矚目。風味獨特，因方便食用、容易發芽而吸引人。

芥菜芽

芥菜的嫩芽，味道辛辣，最適合搭配肉類菜餚。富含維生素B群、鐵質、酵素成分，易發芽，適合初學者栽培。長大一點後當做嫩葉菜，用來調理蔬菜沙拉也很對味。

豌豆苗

豌豆的嫩芽，適合油炒。富含膳食纖維、維生素、礦物質等成分，維生素C與胡蘿蔔素含量甚至高於豌豆莢與豌豆。

4 一起來種香草吧！

香草類植物自古以來就被當做藥草，對抗病蟲害的能力很強，初學者也能安心栽種。
大多為多年生草本植物，只要種一次就能採收好幾年也是香草的魅力所在。
其中不乏可共榮栽培的香草。

栽培行事曆

	1	2	3	4	5	6	7	8	9	10	11	12
洋甘菊		春播						秋播				
							採收（春播）					
		採收（秋播）										
香蜂草			春植					秋植				
				採收								
迷迭香			春植				採收	秋植				
奧勒岡			春植						秋植			
				採收								
芫荽（香菜）			春植					秋植				
				採收								

適合分株繁殖的香草類

薄荷
（P.26）

百里香
（P.30）

細香蔥
（P.87）

奧勒岡
（P.82）

錦葵
（P.88）

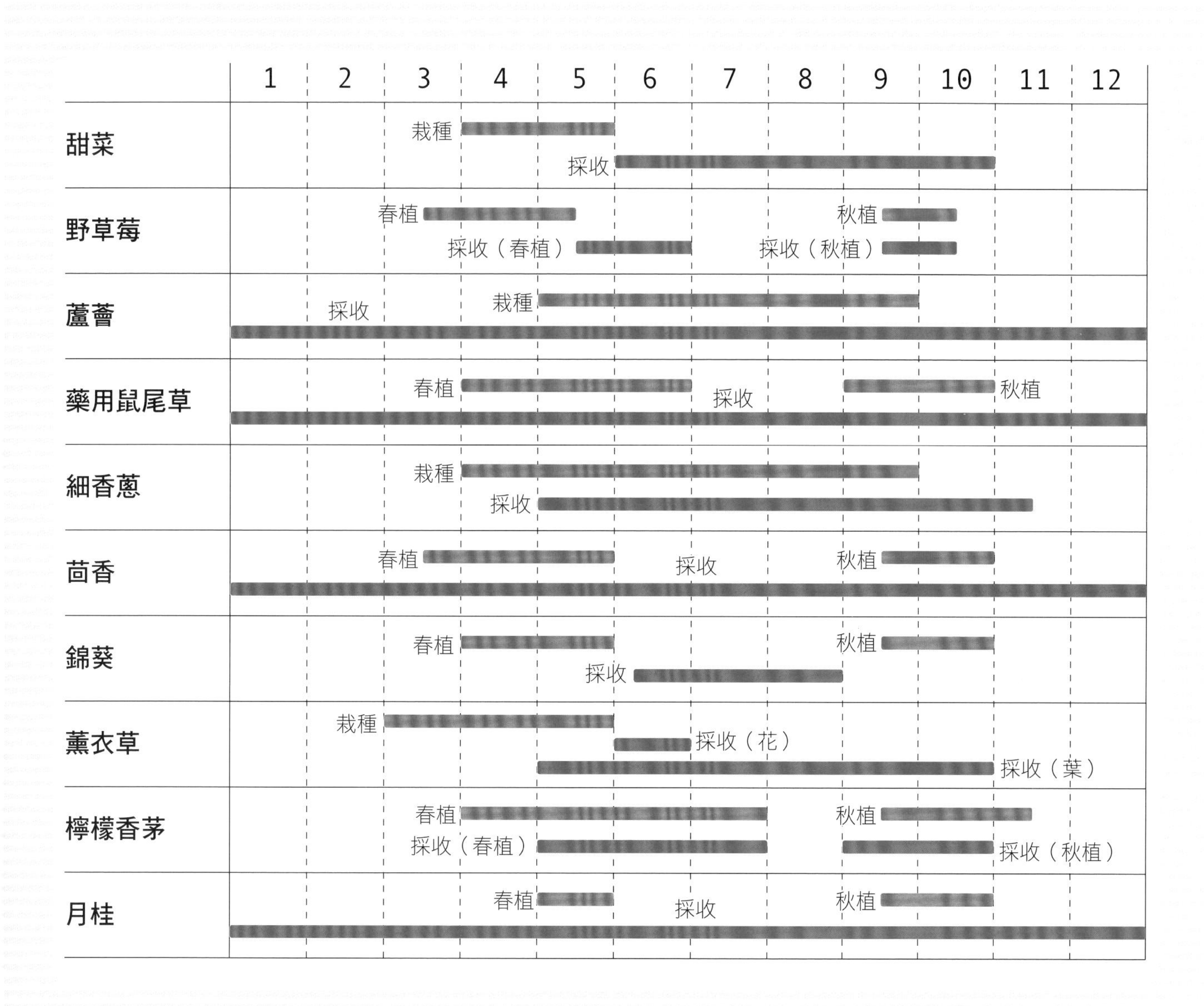

適合扦插繁殖的香草

薄荷
（P.26）

羅勒
（P.28）

百里香
（P.30）

迷迭香
（P.80）

藥用鼠尾草
（P.86）

散發令人放鬆的蘋果香氣

洋甘菊

分類：菊科

花朵與莖葉都散發出蘋果般甘甜清新香氣，以多年生草本羅馬種與一年生草本德國種最常見。現摘或乾燥後用於沖泡香草茶的是德國種，兼具放鬆與溫熱身體等效果。

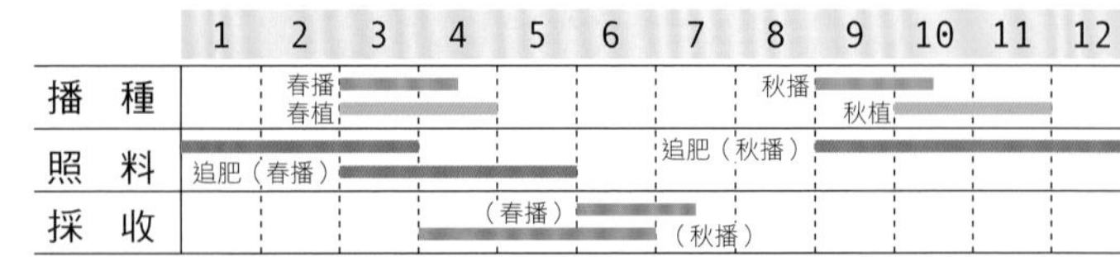

澆水

喜歡稍微濕潤的環境

喜歡稍微濕潤的環境，太乾燥會導致生長不良，但相對地，需注意澆水太頻繁易引發腐根病，等土壤乾了再充分澆水吧！

肥料

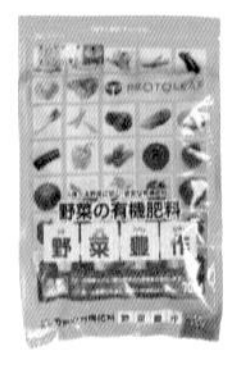

追肥以促進開花

不太需要養分，但需施肥才能促進開花。栽種後每2週一次，撒上10g左右的化合肥料。

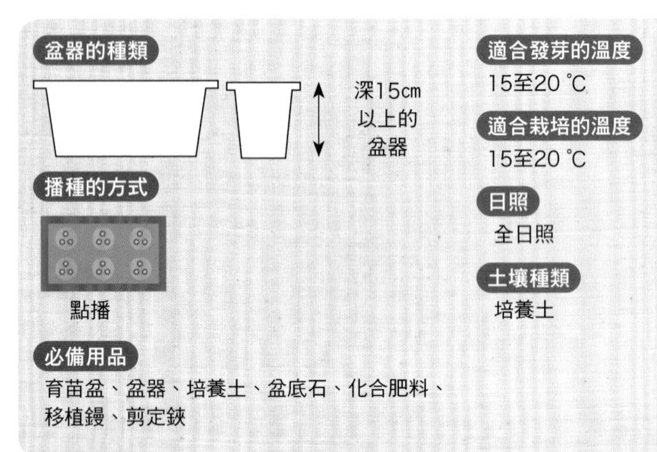

播種

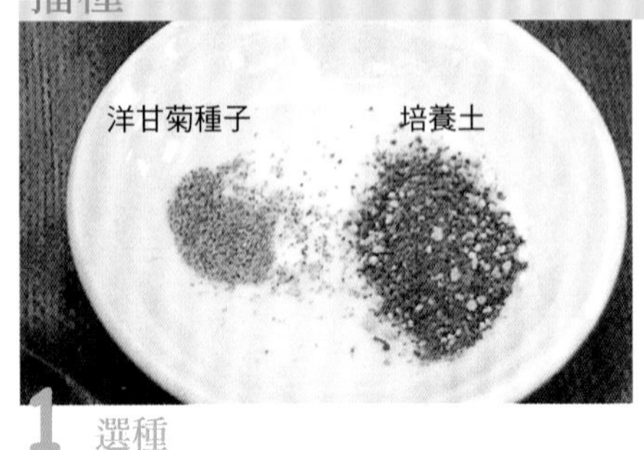

1 選種

準備好種子與兩倍的土壤後混合在一起。

2 播種

容器裝入培養土後儘量均勻地播下步驟 1 的種子。

3 整平土壤

薄薄地覆土後輕壓土壤表面，再充分澆水。

4 發芽

4至5天就會發芽，洋甘菊的種子像粉一樣小，發出來的芽也很小。

照料

5 疏苗

長高至1cm左右時留3棵，4cm時留2棵，只保留健康的幼苗。

6 追肥

長出4至5片本葉後隨意地撒上1小撮（1g）固體肥料。

7 移植

長出5至6片本葉後，將幼苗移植到大盆器或大花盆裡。

8 追肥

換盆後每2週追肥一次，直到開花為止，每次撒上10g左右的化合肥料。

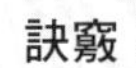

訣竅！

摘除枯葉
促進通風

洋甘菊不耐高溫多濕的氣候，通風不良時易長蚜蟲。第2次追肥後，枝葉會越來越茂盛，發現枯黃的葉子時就從葉柄基部摘除吧！

9 開花

剛開花時花朵呈平面狀，經過10天後花朵中心就會鼓起，花瓣往下生垂。

採收

10 採收

只採收花朵部分，太晚採收會導致花期縮短，建議勤快地採收。保留部分花朵用於採收種子。

11 整枝

採收後從基部附近修剪掉太長的枝條與太茂盛的部分，修剪後追肥。

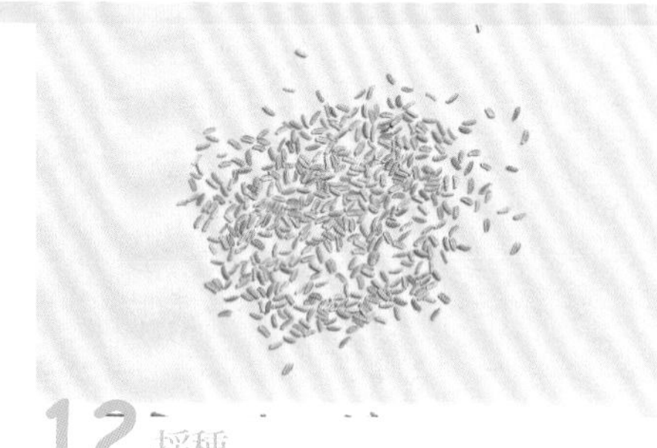

12 採種

開花後約6星期，保留的花朵就會枯掉結出種子。將枝條擺在紙張上，輕輕撣一下就能採收種子。

藤田老師的建議

秋季播種
春天就能大量開花

洋甘菊無論秋季或春季都適合播種。或許有人會覺得：「秋季播種必須過冬，栽培難比較高吧？」事實上，洋甘菊是繁殖力與生命力非常強的香草植物，不會輕易地枯死。也常有冬天長出根部，植株長得比春播洋甘菊更健康的情形。

成功地打造盆植菜園的訣竅

非常適合採用混植方式

洋甘菊具備為其他植物添增活力的能力，甚至被譽為「植物的醫生」，非常適合採用混植方式（混植詳情請見P.16）。和高麗菜、洋蔥、蕪菁等植物的相容性絕佳，可促進植物的生長，以大型盆器栽種時不妨試著挑戰看看。

小知識

洋甘菊的種類很多，其中「羅馬洋甘菊」與「德國洋甘菊」外型最相似，花朵中央特別突出的是德國洋甘菊，特徵為剖切成兩半後突出的部分是空心的。

必須留意的病蟲害

容易罹患的疾病

無

容易出現的害蟲

蚜蟲

讓餐桌散發清新舒爽的檸檬香氣

香蜂草

分類：唇形花科

恰如其名地散發著檸檬般香氣的香草，摘下葉子後擺在手上拍打就會散發出撲鼻香氣。種法和同為唇形花科的薄荷相同。繁殖力旺盛，非常好種，轉眼間就能長得很茂盛，新鮮或乾燥後都可食用。

	1	2	3	4	5	6	7	8	9	10	11	12
栽種			春植					秋植				
照料			換盆 追肥		摘芯			追肥	換盆			
採收												

澆水

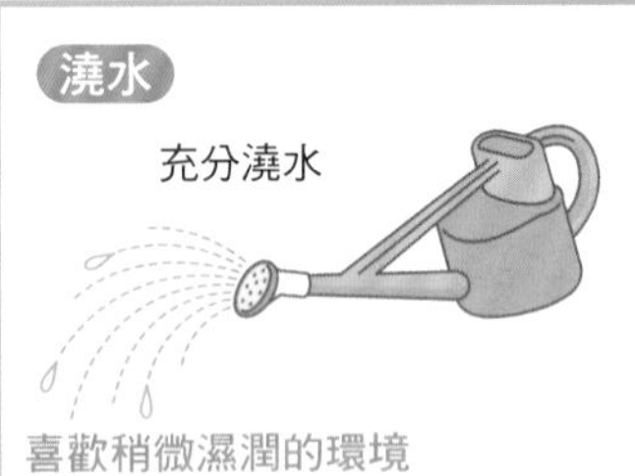

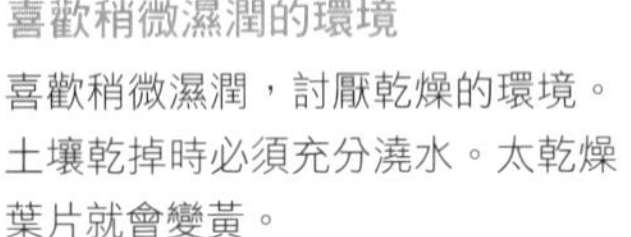

喜歡稍微濕潤的環境

喜歡稍微濕潤，討厭乾燥的環境。土壤乾掉時必須充分澆水。太乾燥葉片就會變黃。

肥料

夏季期間採收後就追肥

夏季期間採收後在稍微遠離植株基部的地方撒上10g左右的化合肥料，就會陸續長出新芽。

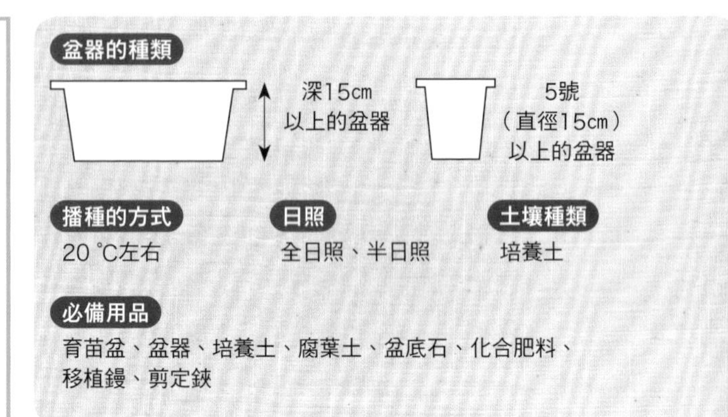

栽種

1 選苗

前往園藝店選購葉色深綠，節間較短的健康幼苗。

2 栽種

由育苗盆取出幼苗後稍微種高一點以促進排水，充分澆水後置於陰涼處2至3天。

訣竅！

摘除枯葉以促進通風

基本上必須種在陽光充足的地方，但直接照射到強烈陽光時，就會散發出「花椒」般的強烈味道，必須置於陽光適度的半日照環境中，留意日照情形。

照料

3 摘心

栽種後1個月左右摘心兼採收枝條尾端部分。

4 長出側芽

透過摘心促進側芽生長，使枝條橫向延伸。

採收

5 採收

枝葉越來越茂盛後，從嫩葉開始採收。太茂密的部分可連同枝條一起收割，以促進通風。

採收後的照料

6 禮肥

收割葉子後撒上10g左右的化合肥料，促進側芽生長。

7 開花

抽出花穗後及早摘除就能延長葉子的採收期間。

8 過冬

耐寒能力強，氣溫降低至－5℃也沒問題。

9 覆蓋腐葉土

下霜後土壤就會拱起，以腐葉土覆蓋土壤表面，既可保溫又能防止乾燥。

10 長出新芽

夏季期間採收兼割除枝條，春季時就會長出健康的新芽，又能繼續採收。

11 分株

植株非常健壯，置之不理就會越來越茂盛。2至3年後需分株換盆栽種，換盆時修剪掉受損的枝條與根部，植株會變得更有活力。

訣竅！

利用摘下的側芽就能輕易地繁殖

將摘下的側芽插入土裡就會長出根部，可輕易繁殖新的植株，隨時採收鮮嫩的葉片。

藤田老師的建議

抗寒暑能力強 天敵為乾燥

香蜂草是耐寒暑能力很強，非常適合初學者栽種的香草類植物，但太乾燥時香氣就會降低，葉片會硬化，因此必須勤快地澆水。種在盆器裡時比直接種在地面上更容易乾燥，必須格外留意。其次，肥料也不能缺乏，才能採收到鮮嫩美味的葉片。

成功地打造盆植菜園的訣竅

請不要直接照射到陽光，以避免葉片曬傷

希望大量採收健康的香蜂草，除澆水與施肥外，日照情形也必需留意。植物大多喜歡充足的陽光，但香蜂草的葉片容易曬傷，不能長期直接照射陽光。天氣太熱時可能會長時間曬到太陽時，最好稍微移動位置，置於半日照的場所。利用竹簾或防寒紗等遮擋陽光也OK。

立即解開你的疑惑迷你Q&A！

Q 同時栽種香蜂草與薄荷，總覺得兩種植物的葉子長得好像，香蜂草是薄荷的同類嗎？

A 兩種植物不一樣，但同為脣形科，因此外觀上很相像。香蜂草別名為「西洋山薄荷」，就是因為這個關係。薄荷與香蜂草都是放鬆效果很好的植物，可沖泡成香草茶後飲用，混合沖泡也很美味喔！

必須留意的病蟲害

容易罹患的疾病

黑煤病

容易出現的害蟲

溫室粉蝨

香氣強勁可消除肉類菜餚的腥味

迷迭香

分類：唇形花科

與肉類、馬鈴薯等菜餚很對味，香氣強勁的香草類植物。對抗病蟲害能力也非常強，容易栽培。植株生長旺盛，建議勤快地採收。喜歡鹼性土壤，可準備專用於栽種香草的土壤，使用蔬菜專用培養土時最好添加苦土石灰。

	1	2	3	4	5	6	7	8	9	10	11	12
栽種			春植					秋植				
照料			換盆、追肥	摘芯				追肥	換盆			
採收												

澆水

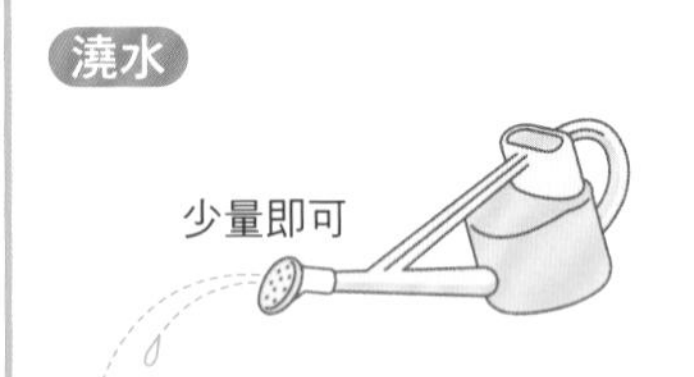

耐乾燥能力強，澆水宜少量

耐暑及耐旱能力強，討厭濕氣，少量澆水即可，等土壤完全乾燥後再充分澆水吧！

肥料

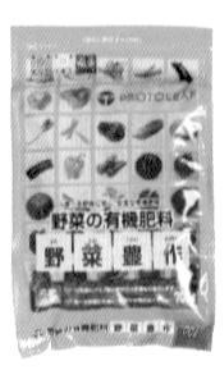

2週施用一次即可

少量施肥也能健康地成長。每2週一次，可將化合肥料撒在植株基部，每株施用1小把（2至3g）。

盆器的種類

播種的方式
20℃左右

日照
全日照、半日照

土壤種類
香草專用土

必備用品
育苗盆、盆器、香草專用土、盆底石、化合肥料、移植鏝、剪定鋏

栽種

1 選苗

可大致分成植株直挺的直立性、枝條如蔓藤的匍匐性，以及介於兩者之間的半匍匐性等品種，種在陽台時選種直立性比較不占空間。

2 栽種

從育苗盆裡取出幼苗後稍微種高一點以促進排水，栽種後充分澆水，置於陰涼處2至3天。

照料

3 摘心

莖葉長長後摘心以促進側芽生長，增加枝條數量。

採收

4 採收

栽種2週左右，待幼苗安定後即可採收，從枝條尾端7至8cm處剪斷後採收。

5 追肥

可採收後每個月追肥一次，將2至3g的化合肥料撒在植株基部。

6 準備過冬

下霜後土壤會拱起，以腐葉土覆蓋土壤表面或置於陽光充足的場所，準備度過寒冷的冬天。

訣竅！

陽光充足與加強通風

枝葉太茂盛時，裡面的枝葉就比較照射不到陽光，濕氣無法排除容易導致葉片枯萎，入冬前或濕度高的梅雨季節前建議將過長的枝條修剪掉。

7 過冬

耐寒能力強，到0℃也沒問題。氣溫降至-5℃時需移到溫暖的場所。

8 換盆

植株成長旺盛，1至2年就必須換盆種在較大的盆器裡，換盆時期以4月或10月為佳。

9 插枝

希望繁殖增加株數時，可於春季或秋季剪下枝條，插入水中30分鐘後再插入濕潤的土壤裡，就會長出根部。

藤田老師的建議

喜歡乾燥的香草 潮濕天氣 必須多加留意

迷迭香的最大優點為喜歡充足的陽光，耐乾燥能力強，連每天澆水都嫌麻煩的人也能栽種。反而是天氣潮濕的梅雨季節或陰雨綿綿時必須多加留意。移至不會淋到雨的場所等，多費點心思就能栽培出健康的香草。

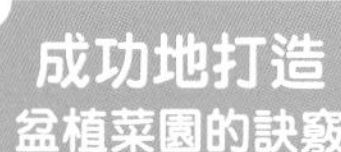

成功地打造盆植菜園的訣竅

換盆時修剪「細根」

換盆時修剪掉粗根，可能會導致原本健康生長的迷迭香突然枯死，換盆修剪根部時必須特別謹慎，儘量挑選細根修剪，此外也應避免鏟斷根部。

立即解開你的疑惑迷你Q&A！

Q 使用方法會因幼苗種類而有所不同？

A 迷迭香可大致分成直立性、匍匐性、半匍匐性，每一種的用法都一樣。栽種方式因種類而不同，建議配合自己的生活環境選種。好好地享用可廣泛用於烹調、泡醋、浸油、泡茶等的迷迭香吧！

必須留意的病蟲害

容易罹患的疾病

腐爛病

容易出現的害蟲

粉蝨、蚜蟲

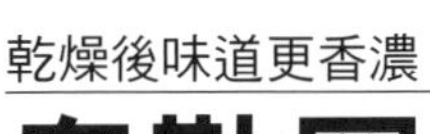

乾燥後味道更香濃

奧勒岡

分類：唇形花科

適合搭配起司與番茄，做義式料理時不可或缺的香草。乾燥後香氣與風味更濃厚，味道類似薄荷，常用於烹調義大利麵與披薩。對抗病蟲害與寒暑的能力強，只需少量的水與肥料，是初學者也能輕易栽培的香草植物。

	1	2	3	4	5	6	7	8	9	10	11	12
栽種			春植 ━	━	━	━			秋植 ━	━		
照料			分株 ━	━								
採收					━	━	━	━	━	━		

澆水

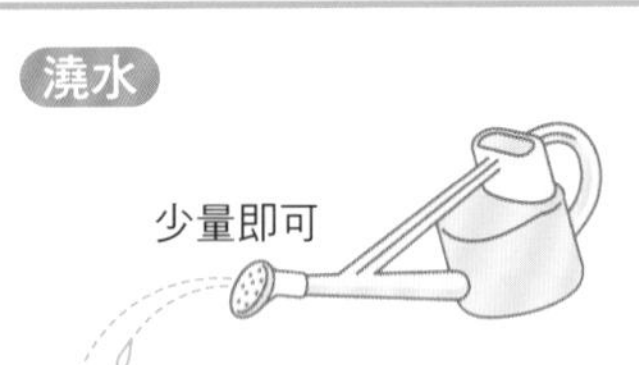

喜歡整年都略為乾燥的環境

較不耐濕氣，喜歡整年都略為乾燥的環境，土壤乾掉後再充分澆水吧！

肥料

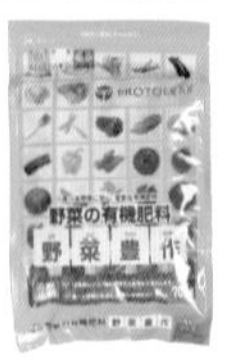

觀察成長狀況，視需要施肥

使用已添加基肥的土壤時，必須觀察成長狀況，視需要施肥，一次2至3g，將化合肥料撒在植株基部。

盆器的種類

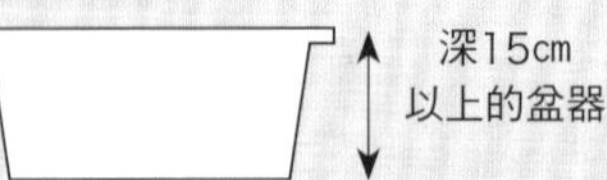

深15cm以上的盆器

5號（直徑15cm）以上的盆器

播種的方式

15至20℃

日照

全日照、半日照

土壤種類

香草專用土

必備用品

育苗盆、盆器、香草專用土、盆底石、化合肥料、移植鏝、剪定鋏

栽種

1 選苗

前往園藝店選購葉色深綠，枝條粗壯的健康幼苗。

2 栽種

從育苗盆裡取出幼苗後稍微種高一點以促進排水，栽種後充分澆水，置於陰涼處2至3天。

採收

3 採收

葉子長大後適量摘取使用。栽種至第2年，等植株長大後再大量採收吧！

4 開花

春季栽種時隔年夏天就會開花，開花前枝葉的味道最香濃，建議趁機採收後乾燥保存。

採收後的照料

5 分株

2至3年一次，整理根部後分株。插枝時最好使用香氣較重的枝條。

6 促進枝條基部的通風

濕氣較重的梅雨季節必須割除長得太茂密的枝條，促進植株的通風效果。

必須留意的病蟲害

容易罹患的疾病

無

容易出現的害蟲

蚜蟲

香氣獨特而廣受世人喜愛的香草

芫荽（香菜）

分類：繖形花科

泰國稱phakchi，中國稱香菜，是被廣泛加入菜餚中的香草類植物，種子為印度料理不可或缺的辛香料。葉子的獨特香氣讓人吃了就上癮，種子也不妨試著用用看。喜歡溫暖的氣候，夏季期間置於半日照環境中也能健康地成長。

	1	2	3	4	5	6	7	8	9	10	11	12
栽種			春植 ■	■	■				秋植 ■			
照料		追肥	■	■	■				追肥	■	■	
採收					■	■	■	■	■	■		

澆水

夏季期間需勤快地澆水

較喜歡濕氣，因此土壤表面乾掉後就須充分澆水，避免缺水。但過度頻繁澆水易引發腐根病，適量即可。

肥料

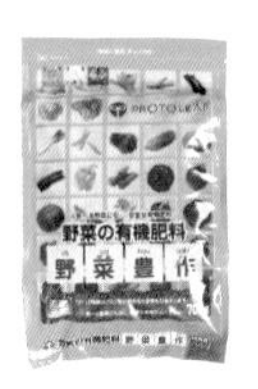

生長期1個月追肥一次

肥料少量即可，生長期每月一次，1株1把（2g至3g），將化合肥料撒在植株基部或於澆水時噴灑液態肥料。

盆器的種類

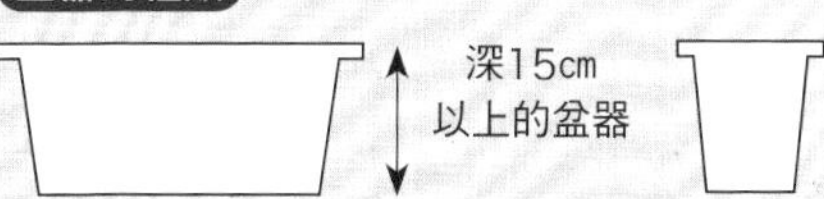

播種的方式
18至25 ℃

日照
全日照、半日照

土壤種類
香草專用土

必備用品
育苗盆、盆器、香草專用土、盆底石、化合肥料、移植鏝、剪定鋏

栽種

1 選苗
前往園藝店選購葉色漂亮的健康幼苗。太大的幼苗不易長新根，儘量選種小一點的幼苗。

2 栽種
避免破壞根團，栽種後充分澆水。栽培過程中應避免缺水。

3 採收
剪下嫩葉部分，保留底下的葉子即可促進新葉成長，延長採收期間。

採收

4 開花
6月左右會開出白花，開花後葉子會硬化，想採收嫩葉的話，盡量於開花前採收。

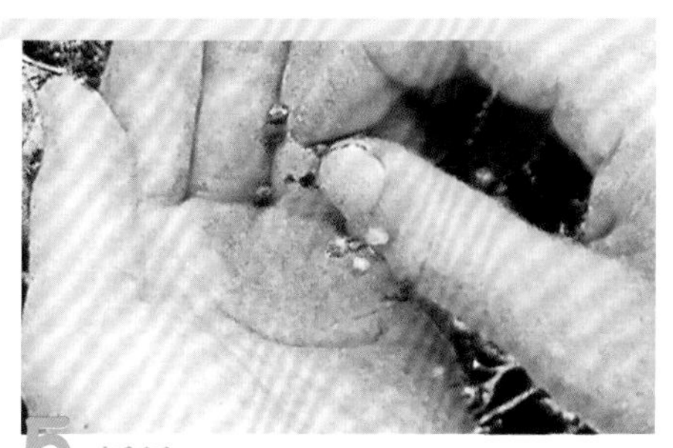

5 採種
種子轉變成茶色後連同花莖一起收割，確實乾燥後採收種子保存。

必須留意的病蟲害

容易罹患的疾病
無

容易出現的害蟲
蚜蟲、夜盜蟲

低熱量，甜度為砂糖的300倍

甜菊

分類：菊科

甜菊的甜度為砂糖的300倍，是廣為人知的天然甘味料。新鮮葉子就能直接用於製作糕點或烹調菜餚，還可連同枝條一起熬煮成糖漿後保存。較不耐寒，冬季最好移到溫暖的場所，到了春天就會再發芽。

	1	2	3	4	5	6	7	8	9	10	11	12
栽　種				━	━							
照　料	防寒	防寒						追肥	追肥	追肥	追肥／修整・換盆	
採　收						━	━	━	━	━		

澆水

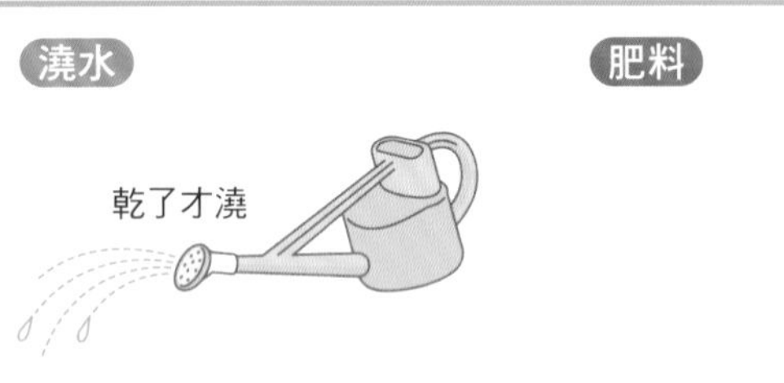

確保適當的濕氣

喜歡適度的濕氣，土壤乾了之後再充分澆水。冬季期間為植株休眠期，需要較乾燥的環境。

肥料

生長期1個月追肥一次

初夏至夏季期間生長最旺盛，每2週一次，於澆水時噴灑液態肥料吧！

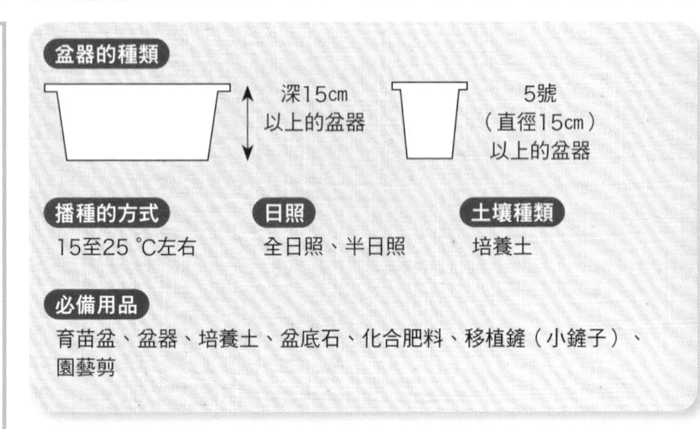

播種的方式
15至25 ℃左右

日照
全日照、半日照

土壤種類
培養土

必備用品
育苗盆、盆器、培養土、盆底石、化合肥料、移植鏟（小鏟子）、園藝剪

栽種

1 選苗

挑選甜度高、苦味低的幼苗。狀況許可時拿一片葉子在指尖搓一搓舔過後確認吧！

2 栽種

從育苗盆裡取出幼苗後，稍微種高一點，充分澆水後置於陰涼處2至3天。

採收

3 採收

長高至20cm左右後摘心，促進側芽生長，可摘下顏色漂亮的葉片使用。

4 開花

夏季期間會開出白色小花。

採收後的照料

5 修整

花謝後甜度更高，從植株基部剪斷，連同莖部一起綁成束後乾燥保存。

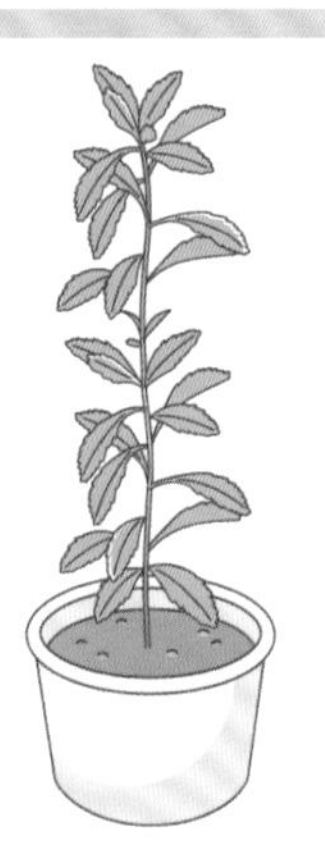

6 分株

植株長大後可趁11月換盆時分株，或在6月時插枝，可輕易地繁殖更多植株。

必須留意的病蟲害

容易罹患的疾病
無

容易出現的害蟲
蚜蟲

酸酸甜甜的果實可做成果醬或糕點

野草莓

分類：薔薇科

果實比一般草莓小，充滿野趣的清爽酸味與濃厚香氣。原生於野外，因此是很健康好種的香草植物。果實除可生食之外，也非常適合做成果醬或用於製作糕點。耐寒性強，連冬天都不必防寒。

	1	2	3	4	5	6	7	8	9	10	11	12
栽　種			春植 ■	■	■				秋植 ■	■		
照　料				追肥 ■	■	■			分株 ■	■ 追肥 ■		
採　收					春植 ■	■			秋植 ■	■		

澆水

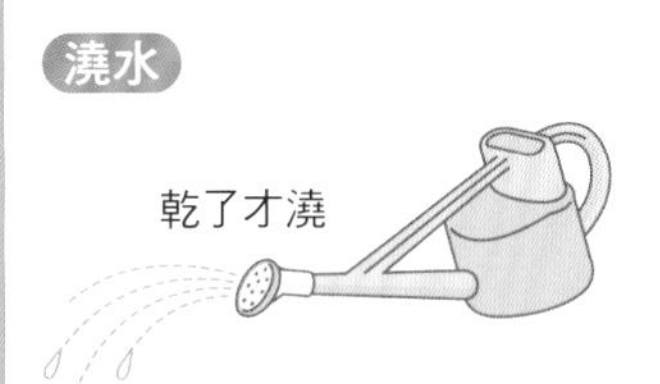

朝著植株基部輕輕地澆水

不耐乾燥，但經常處在潮濕環境中也不行。土壤表面乾掉時就必須充分澆水，由於泥水噴到植株易造成傷害，必須朝著植株基部輕輕地澆水。

肥料

春秋季需控制氮肥用量

春秋生長期時每個月一次，將10g左右的化合肥料撒在植株基部。肥料不足就無法結果，建議定期施肥。但氮肥過多時不易結果，需留意。

盆器的種類

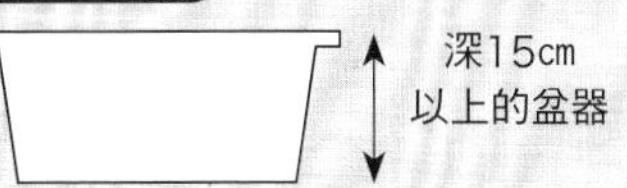

播種的方式

15至25 ℃

日照

全日照、半日照

土壤種類

香草專用土

必備用品

盆器、香草專用土、盆底石、化合肥料、移植鏝、剪定鋏

栽種

1 選苗

前往園藝店選購葉色深綠，枝條健壯的健康幼苗。春、秋皆可栽種，一年可種兩次。

2 栽種

種在盆器時必須充分澆水至底部出水為止。

照料

3 剪斷走莖

植株長大後就會長出稱為走莖的枝條，因此必須從走莖基部剪斷，好讓養分輸送到果實上。

4 開花

除炎熱夏季與冬季外，開花期很長，一年到頭都會開花，但須視氣候或天氣而定。

採收

5 結果

花謝後果實長大，變成紅色後即可採收。由於比一般草莓早熟，要避免太晚採收。

採收後的照料

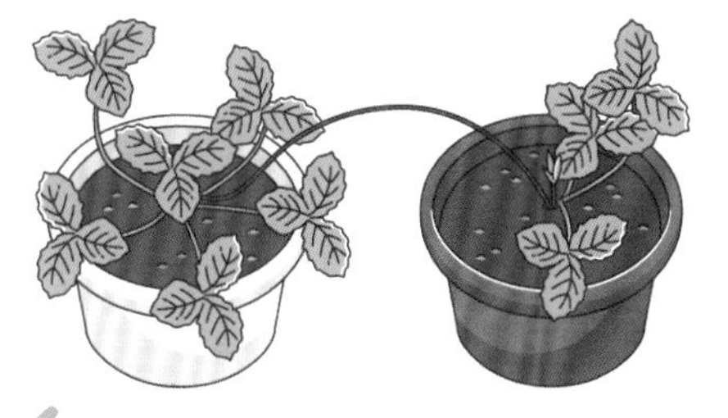

6 分株

9至10月時可將走莖尾端的子株種到其他盆器裡以便分株。長出3至4片葉子的子株最適合分株。

必須留意的病蟲害

容易罹患的疾病

灰黴病、白粉病

容易出現的害蟲

蛞蝓、蚜蟲

體質強健不需要費心照料的「萬能醫生」

蘆薈

分類：百合科

被譽為「萬能醫生」的木立蘆薈葉子帶苦味，可生食，燒燙傷或蚊蟲叮咬時常用來塗抹患部。吉拉索蘆薈則為近年來廣泛供食用的蘆薈。春季至秋季期間土壤乾了再澆水即可。肥料於4至9月間施用，每10天一次於澆水時噴灑液態肥料。

	1	2	3	4	5	6	7	8	9	10	11	12
栽　種					━	━	━	━	━			
照　料				追肥	━	━	━	━	━			
採　收	━	━	━	━	━	━	━	━	━	━	━	━

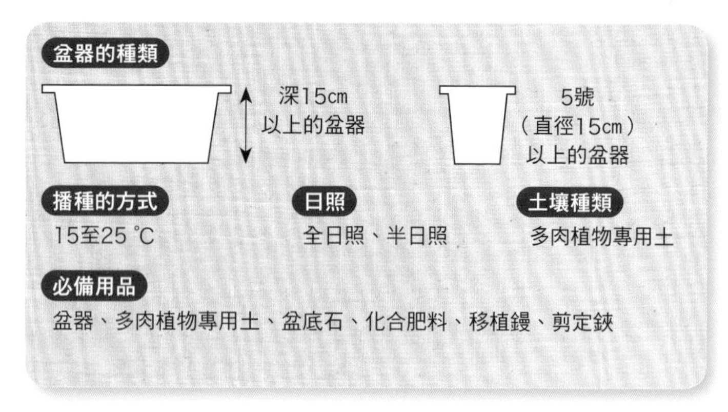

1 栽種

前往園藝店選購還種在盆器或育苗盆裡或插枝狀態的幼苗。由於蘆薈喜歡排水性佳的土壤，建議種在多肉植物專用土壤裡。

2 採收

從葉子基部摘取下葉，小心地採收。大量採收葉子會對植物造成負擔，建議至少保留5至6片。

3 重新栽種

每2年需重新栽種一次，從盆器裡取出植株後拍掉土壤，配合缽盆大小，修剪掉多餘的葉子，去除子株或多餘的根部後，連同新土一起種回盆裡。

4 分株

摘下來的葉子或子株可置於陰涼處7至10天左右，晾乾切口後再種回盆裡。栽種後過1週再澆水避免腐爛。

以強勁的香氣襯出肉或魚類的風味

藥用鼠尾草

分類：唇形花科

鼠尾草的同類，日本名稱為藥用鼠尾草，是全世界都非常重視的香藥草，香氣強勁，適合用於消除魚、肉類的腥味與增添風味。種植時應避免澆水過度，等土壤乾了再充分澆水，於4至11月追肥，每月一次，施撒固體肥料。

	1	2	3	4	5	6	7	8	9	10	11	12
栽　種			春植	━	━	━		秋植	━	━		
照　料	━	━	━	防霜 追肥	━	━	━	━	━	━ 修整	━	━ 防霜
採　收	━	━	━	━	━	━	━	━	━	━	━	━

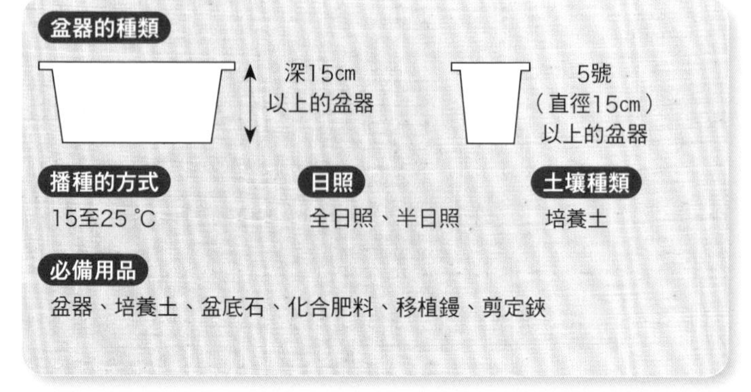

1 栽種

配合目的挑選品種，選擇葉色、香氣俱佳的幼苗，將植株稍微種高一點，栽種後充分澆水，置於陰涼處2至3天。

2 採收

健康成長後枝葉會越來越茂盛，採收新鮮葉子時，可保留植株基部10至15cm後連同枝條一併剪下，順便修剪。

3 開花

第2年以後開花，花型酷似一般鼠尾草。開花前葉子的香氣會更濃郁，摘除花芽可延長葉子的採收期。

4 插枝・分株

植株長大後生長狀況變差，必須準備插枝以繁殖新的植株。剪下約15cm的枝條，插入水中約1小時後種到土裡即可。

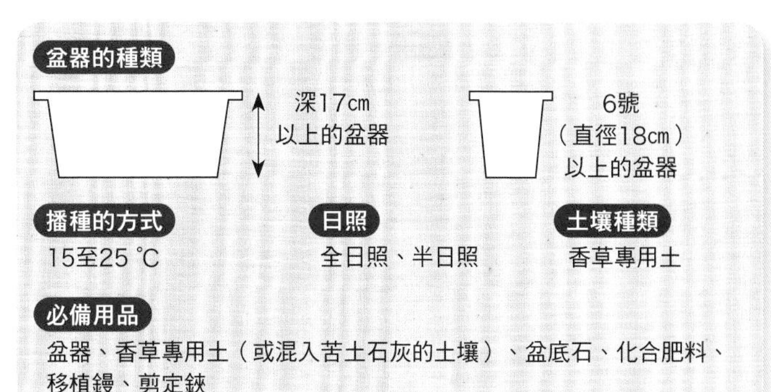

別名「蝦夷蔥」

細香蔥

分類：百合科

青蔥的同類，種植後每年都會發芽的多年生草本植物，外型酷似淺蔥，用法也大同小異。冬季時地上部分會枯萎，但植株還活著，覆蓋腐葉土即可避免凍結。土壤乾掉後再充分澆水，採收時需施加少量追肥。

	1	2	3	4	5	6	7	8	9	10	11	12
栽種				■	■	■	■	■	■			
照料		分株	■	■	■			分株	■	■		
			追肥	■	■	■	■	■	■	■		
採收					■	■	■	■	■	■	■	

1 選苗・栽種

細香蔥不喜酸性土壤，可使用香草專用土或混入苦土石灰的土壤來培養，以5至6根長約10cm的枝條為1束，間隔20cm栽種。

2 採收

長高至20cm左右後，從植株基部2至3cm處剪斷後採收。採收後植株會繼續長出新芽。

3 開花

花朵可作為食用花，開花後葉子會硬化，想繼續採收葉子時，需趁花芽還小時就儘快摘除。

4 換盆

植株長大後生長能力會減弱，最好2至3年就分株一次。將整個植株連根挖起，再以步驟1的要領重新栽種。

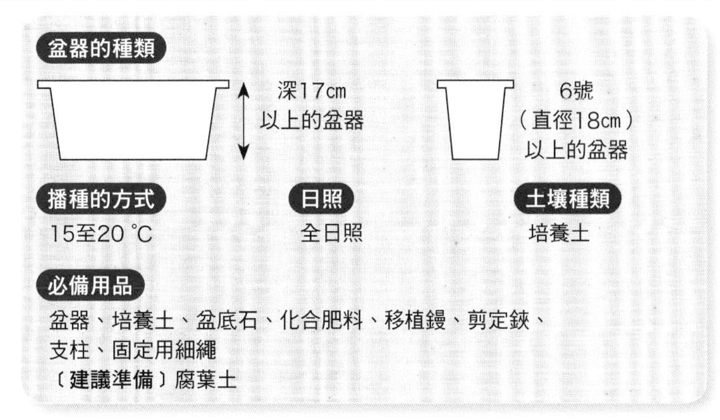

味道甘甜適合搭配魚料理的香草

茴香

分類：繖形花科

味道清新甘甜，最適合搭配煙燻鮭魚一起食用。春秋以10g左右的化合肥料為追肥，土壤乾了後再充分澆水。與芫荽、番茄、豆類相容性差，應避免種在一起。從種子開始栽培也能輕易繁殖。

	1	2	3	4	5	6	7	8	9	10	11	12
栽種			春植 ■	■	■				秋植 ■	■		
照料		追肥	■					追肥	■			
採收	■	■	■	■	■	■	■	■	■	■	■	■

1 栽種

茴香不適合換盆，所以需選擇嫩一點的幼苗，避免破壞根部土團，小心栽種，與同為繖形花科的蒔蘿容易雜交，栽種時需保持距離。

2 架設支柱

植株長高至1m後易因太高而倒伏，必須架設支柱，以細繩繞成8字形固定枝條。

3 採收・修剪

整年都能採收，想使用時可隨時採收所需用量。枝葉太茂盛時陽光就無法照射到所有枝條，建議連同枝條一起採收兼修剪。

4 開花

花朵與種子皆可食用，花房轉變成茶色後收割，乾燥後即可採收種子。種子容易發芽，亦可採用播種方式繁殖。

盆器的種類

深30cm以上的盆器

10號（直徑30cm）以上的盆器

播種的方式：20至30 ℃

日照：全日照

土壤種類：培養土

必備用品

盆器、培養土、盆底石、化合肥料、移植鏝、剪定鋏

〔建議準備〕腐葉土

綻放鮮豔可愛的花朵

錦葵

分類：錦葵科

日本稱薄紅葵，夏季時開紫色花，剪斷後會流出黏液，食用部位為花及葉，為植株高大的直根性植物，建議一開始就種在較深的盆器裡。是多年生草本植物，可將腐葉土覆蓋在土壤表面後置於屋簷下過冬。

	1	2	3	4	5	6	7	8	9	10	11	12
栽種			春植	━	━				秋植 ━	━		
照料				追肥	━	━	━	━		━	━	分株
採收						━	━	━				

1 栽種

不喜歡酸性土壤，需以香草專用土壤或混合苦土石灰的土壤栽種。屬於直根性植物，建議從小幼苗開始栽培起，以免移植時損傷根部。

2 摘心・架設支柱

長出新芽後摘除莖部尾端，促進側芽生長。植株長高後架設高約1m的支柱，生長狀況較差時可追肥。

3 開花・採收

採收細嫩的葉子，5至8月開花時採收所需分量的花，花謝後從花莖的基部剪斷修整。

4 分株

10至11月左右地上部分枯萎後挖出植株，利用剪定鋏修剪根部，將部分植株剪開後分別種入新盆裡繁殖。

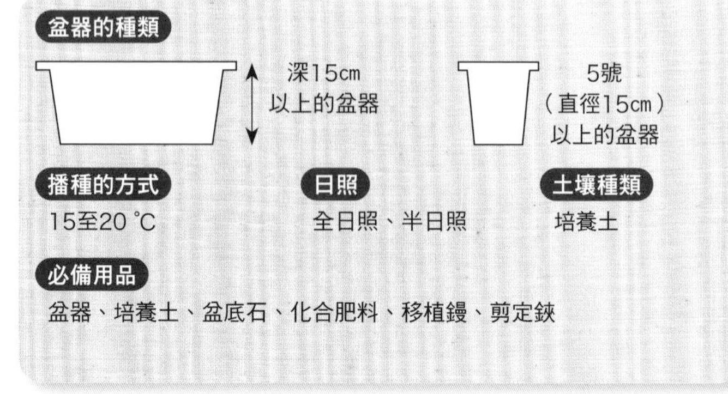

具放鬆作用的代表性香草植物

薰衣草

分類：唇形花科

因為香氣可令人放鬆而廣為人知的香草，屬於多年生草本植物，栽種越多年就能開出越多花。花蕾部分富含精油成分，最好於開花前採收。施肥需適度，土壤完全乾掉後再澆水即可。

	1	2	3	4	5	6	7	8	9	10	11	12
栽種			━	━	━							
照料			追肥 ━	━	剪定	━	━	━				
採收					葉 ━ / 花	━	━	━	━	━		

1 栽種

喜歡排水良好的土壤，最好種高一點，幼苗筆直種下後輕壓土壤，再充分澆水。

2 開花・採收

抽出花穗，長高到7至8cm時，連同莖葉一起採收，可促進側芽生長。開花後植株會逐漸衰弱，建議開花前便依序採收。

3 修剪

修剪掉長得太茂盛的枝條與枯枝以促進通風。其次，冬季至初春時期需從植株基部上方⅔處剪斷，進行全面採收（英國種）。

4 禮肥

大量採收或修整後必須施禮肥，將1把（2g至3g）化合肥料撒在植株基部後澆水。

味道清新，泰國料理不可或缺的香草

檸檬香茅

分類：禾本科

葉片與芒草相似，散發檸檬般清新香氣，是泰式料理中不可或缺的香草。在日本栽種幾乎不會開花，因屬於熱帶植物，較不耐寒，入冬前就必須從植株基部10cm處剪斷，再將植株移到室內過冬。

	1	2	3	4	5	6	7	8	9	10	11	12
栽　種			春植						秋植			
照　料			追肥									
採　收				春植							秋植	

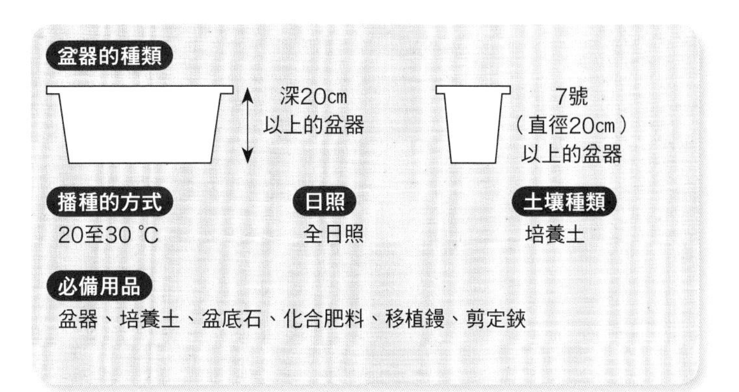

1 栽種

為了促進排水，等完全沒有結霜的顧慮時，將植株種高一點並充分澆水，完全長出根部前應避免缺水。

2 修剪

植株高大，有可能會長到超過2m，因此必須在長高至一定程度後修剪，避免植株長得太高大。

3 追肥

4至10月間每月一次，撒上1把（2g至3g）固體肥料，期間若是土壤乾掉就要充分澆水。

4 採收

夏季生長極為旺盛，栽種後1個月，長出15片葉後，即可從植株基部10cm處剪斷採收。

加入菜餚即可享用到甘甜香味

月桂

分類：樟科

在半日照環境下也能健康成長，幾乎一年到頭都能採收，是容易栽種的香草。成長速度快，2至3年就須移植至更大的缽盆裡。乾燥後甘甜芳香的氣味會更濃郁。

	1	2	3	4	5	6	7	8	9	10	11	12
栽　種				春植					秋植			
照　料			追肥		修剪		追肥		修剪			
採　收												

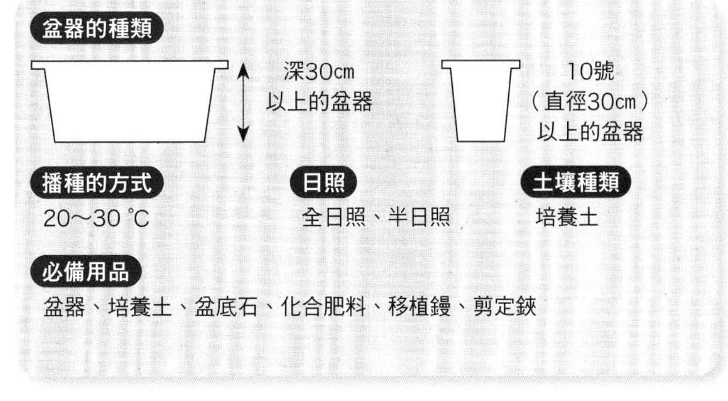

1 選苗

選苗後摘除多餘的葉子可避免水分流失，栽種後更容易發根。其次，6至8月時若能取得枝條，透過插枝可以快速繁殖。

2 栽種

種在大盆裡，長出根部前必須充分澆水，之後等土壤完全乾掉後再澆水。可一年施用兩次10g左右的化合肥料。

3 修剪

植株長大後，第二年開始每年將植株整體大幅修剪2至3次以促進通風，適合修剪的時期為4月、10至11月。

4 採收

整年皆可採收，第1至2年植株還小時應避免過度採收，採收後的葉子可乾燥保存。

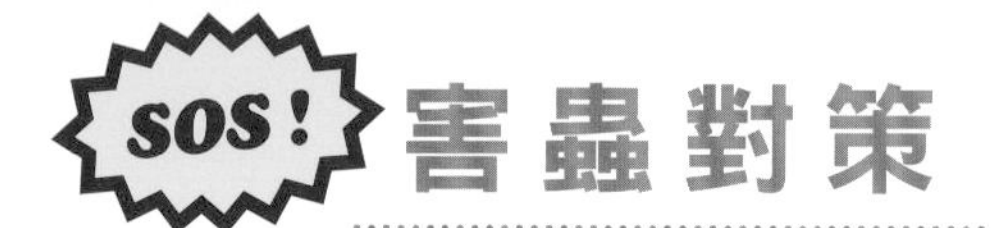

害蟲對策

害蟲雖然體積小，但置之不理會導致植物枯死或將葉子啃光，對植株造成傷害，絕不能掉以輕心。
希望植物長得健康又有活力，必須深入了解害蟲，研擬因應對策。

名稱	特徵&對策	容易引發的植物
青蟲	會啃食葉背，發現後請捕殺。紋白蝶接近植物時，應檢查葉背，留意是否有蟲卵。	十字花科植物
黃鳳蝶幼蟲	顏色鮮豔的昆蟲，會啃食葉片。發現請捕殺。鳳蝶接近植物時，應檢查葉背，留意是否有蟲卵。	繖形花科植物
薊馬	細小的昆蟲，會啃食葉背。發現受害部位時應以藥劑驅除，促進植株通風即可預防。	茄子、青椒等
蚜蟲	群集於葉背，會引發病毒病。應定期檢查葉背，發現後請撣掉。	大部分植物
瓜絹野螟蛾	群集於葉背的白色小蟲，會傳播煤病。應定期檢查葉背，發現時噴藥處理。	苦瓜等瓜科植物
黃守瓜	茶色甲蟲，會在葉片上啃食圓形蟲孔。發現後立即噴藥驅除，易出現於5至8月間。	瓜科植物
番茄夜蛾	幼蟲會啃食花蕾、葉片、新芽、果實。發現時應立即捕殺，易出現於8至10月間。架設防蟲網可預防成蟲接近。	番茄、茄子、甜椒、萵苣、草莓、瓜科植物等
溫室粉蝨	幼蟲會吸食葉片汁液，白色成蟲會成群附著葉背，碰觸植株時整群齊飛。易出現於4至10月間，發現後應立即以藥劑驅除。	茄科植物等
黃翅葉蜂	2cm左右的深藍紫色幼蟲，會啃食葉片。發現時應立即捕殺。易出現於春秋兩季。	十字花科植物，尤其是蘿蔔
椿象	易出現於開花時，出現於豆科植物時，會吸食豆子汁液。碰觸會散發臭味，可以筷子夾除。	豆科植物、番茄、茄子等果菜類
金鳳蝶	幼蟲會啃食葉子，長大後從鳥糞般黑白紋路，轉變成黃綠色底黑色斑紋，發現後應立即捕殺。	迷你胡蘿蔔、鴨兒芹等繖形花科植物
黃條葉蚤	幼蟲附著於根部，成蟲會啃食葉片，覆蓋防寒紗即可預防。	迷你蕪菁等十字花科植物
北方根腐線蟲	易出現於根部，會吸食植株養分導致植物衰弱，出現時應連同土壤一併清除。	馬鈴薯、迷你蘿蔔、迷你胡蘿蔔、瓜科、蔥類、茄科等
小菜蛾	黃綠色幼蟲，可成長至10mm左右，會啃食葉片造成嚴重傷害，發現時應立即捕殺。	十字花科
粉蝨	長著白色翅膀，體長約2mm的小昆蟲，群集於葉背，吸食葉片汁液，常於栽種幼苗時就已出現，需留意。	番茄、茄子、苦瓜、西瓜等
毛豆莢癭蠅	體長約3mm的幼蟲會入侵嫩豆莢，啃食果實會在豆莢中化蛹。	毛豆
種蠅	幼蟲會啃食剛播入土壤中的種子或幼苗，多出現於4至5月，大量使用有機肥料時易出現。	瓜科、毛豆、四季豆等豆科植物、洋蔥等
煙草蛾(青蟲)	幼蟲可成長至40mm，會入侵花蕾、果實、莖部，好發時期為8至9月間，發現後應立即捕殺。	番茄、甜椒、茄子等
二十八星瓢蟲	瓢蟲的同類，星（斑紋）較多，成蟲與幼蟲都會啃食葉子，發現後應立即捕殺。	番茄、茄子、馬鈴薯等茄科植物、小黃瓜等

番茄斑潛蠅	狀似蛆蟲的幼蟲，會啃食葉子，在葉面留下蛇行線狀痕跡，發現後應立即捕殺。架設網目1mm以下的防蟲網可預防成蟲接近。	小黃瓜、番茄等
蛞蝓	會在夜間啃食葉子，多從盆底入侵，放置盆底網即可預防。可於夜間點燈尋找，發現後應立即捕殺。	萵苣、茄子、甜椒、草莓、蔥等
韭潛蠅	幼蟲會啃食葉子，留下白色線狀痕跡。具趨近黃色的特性，植株附近設置黃色膠帶即可降低受害。	茄子、番茄、茼蒿、四季豆、小黃瓜等
蔥蚜	成蟲、幼蟲會群集莖部，吸食葉子汁液。成蟲顏色為帶紅色光澤的黑色，體長約1至3mm，發現後應立即捕殺。	淺蔥、韭菜、洋蔥等
蔥小蛾	幼蟲在葉片啃咬出蟲孔後進入內部，會啃食內部只留下薄薄的表皮。發生初期應噴灑藥劑處理。	淺蔥、洋蔥等蔥類
切根蟲	夜蛾幼蟲之總稱，於夜間出現，會啃食接近土壤的莖部。躲在受害植株周邊的土壤裡，可稍微撥開土壤檢查，發現後應立即捕殺。	大部分蔬菜
根瘤線蟲	體長1mm以下的小蟲，不容易發現。寄生根部後會形成瘤狀，影響莖葉之成長，使用新土即可預防。	茄子、番茄、甜椒、小黃瓜、毛豆、四季豆等
根蟎	會啃食根部，蟎類的同類。易出現於5至7月。體長1mm以下，肉眼不易發現，使用未受害的健康幼苗或球根即可預防。	淺蔥、洋蔥、大蒜等
菜心螟	幼蟲可成長至15mm，會啃食生長點附近的軟嫩葉子，易出現於夏季，發現後應立即捕殺。	十字花科植物
斜紋夜蛾	會將覆蓋著鱗毛的卵塊下在葉背。幼蟲可成長至40mm左右，會啃食葉子或豆莢，發現後應立即捕殺。	毛豆等豆科植物
葉蟎	群集於葉背，會吸食汁液導致葉子褪色，需定期檢查葉背，以水沖掉即可。	茄子、豆科等
潛蠅	幼蟲會潛入葉片組織中造成食害，葉上出現白線時，遭食害的可能性就很高。發現後應立即捕殺。	十字花科植物
紅銅麗金龜	幼蟲會啃食根部，成蟲會啃食葉子。易出現於7至8月。幼蟲體長30mm，成蟲體長15mm，發現後應立即捕殺。	十字花科植物
小葉蟬	幼蟲、成蟲均寄生於葉背，除吸食葉子汁液外，還會傳播細菌，引發疾病。成蟲為體長約4mm的黃綠色昆蟲，橫向爬行移動。	大部分蔬菜
細蟎	體長約0.2mm的小蟎，葉片出現塵蟎後像附著著白色灰塵，遭侵害的葉子或果實需摘除。	豆科植物等
細緣椿象	成蟲、幼蟲均會吸食葉子或果實的汁液，幼蟲形狀酷似螞蟻，成蟲體長14至17mm，發現後應立即捕殺。	茄子、番茄、草莓、西瓜等
南黃薊馬	會啃食花、蕾、葉、果實。成蟲為長1至2mm的黃色昆蟲，酷似蚜蟲，但比蚜蟲細長，無翅膀。需摘除遭侵害部位或以藥劑處置。	大部分蔬菜
桃蚜	顏色為白、綠、黃、紅褐色等，體長約1.8至2mm，需摘除遭侵害之葉片或以藥劑處置。	茄科、瓜科、十字花科植物、草莓等
蔬菜象鼻蟲	成蟲、幼蟲均會啃食新芽或新葉，成蟲為長10mm的茶褐色，幼蟲為10至15mm，體色泛白，發現後應立即捕殺。	十字花科植物等
夜盜蟲	白天躲在土壤裡，夜間才出現啃食植物的葉子，發現後應立即捕殺。易出現於5至6月、9至10月。	大部分蔬菜

疾病對策

發病後可能需要連同精心栽培的植株都一併放棄，必須特別留意。
除可能因環境而引發外，也有可能因昆蟲傳播，應一併納入害蟲防範對策中。

名稱	特徵&對策	容易引發的植物
青枯病	莖葉突然垂頭喪氣、枯萎。病原菌會從根部入侵，因此應避免連作，發病植株需拔除。	茄科植物等
萎黃病	葉片轉變成黃白色。可能因病原體入侵、養分過多或不足而引起，應適度地供應養分，發病植株需拔除。	蘿蔔、草莓等
萎縮病	葉片捲曲，植株萎縮。會經由煙草粉蝨傳播，發現植株發病時應立即拔除。	蔥、蘿蔔、番茄等
萎凋病	無法輸送水分而枯死的疾病。由土壤引發，栽種時使用市售培養土較安心。	番茄、茄子等
白粉病	莖、葉出現白粉狀黴菌。早期發現可摘除已發病葉子，並噴灑藥劑以防止其他葉子發病。	大部分蔬菜
疫病	出現大型褐色斑點後漸漸腐爛。發病植株需拔除。留意排水及通風即可預防。	番茄、茄子、小黃瓜等
褐色腐爛病	莖、葉、果實出現小斑點，莖部變細。應避免連作，發病後應及早拔除植株。	茄子等
褐斑病	葉片出現褐色斑點（細看為黑色斑點）後漸漸擴大，不久後葉片整個枯萎。曬太陽並促進排水即可預防，若發現患部應立即清除。	萵苣、豌豆等
細菌性株腐病	春季期間外側葉片垂頭喪氣往內捲後漸漸腐爛。應避免土壤太潮濕，發病植株應整個清除。	韭菜、大蒜等
株腐病	靠進土壤的莖部變黑後開始腐爛，會逐漸蔓延至整個植株。必須連同發病植株周邊的土壤一起清除處分。促進排水、通風即可預防。	高麗菜等十字花科植物
菌核病	好發於春季至初夏、秋季期間，發病部位以莖與果實為主。莖、葉出現褐色斑點後腐爛。避免過度潮濕即可預防。	十字花科植物、瓜科植物、茄科等
黑腳病	病原菌傳染給土壤中的薯塊後腐爛，惡化時會導致整個植株成長變慢。使用殺菌處理過的薯種即可預防。	馬鈴薯
黑葉枯病	葉片出現褐色斑點後漸漸擴大，嚴重時可能蔓延至莖部與果實，需及早去除患部。避免形成高溫多濕的環境即可預防。	茄子、甜椒等
黑腐菌核病	葉片出現黑色斑點。3至5月等溫暖時期易發病。肥料不足就容易發病，因此應適量地施肥。	十字花科植物
黑點病	葉片出現黑色斑點狀黴菌。摘除枯葉，加強通風，避免形成多濕環境即可預防。發生後需摘除葉子。	草莓等
黑腐病	葉子變黃，不久後變黑落葉。好發期為秋季與晚春，避免連作即可預防。發病部分必須摘除處分。	花椰菜等十字花科植物
銹病	葉片出現白色小斑點後漸漸地轉變成褐色，不久後出現四處飛散的紅褐色粉末。應避免氮肥施用過度，促進通風即可預防。	紫蘇、四季豆、蔥等
紫斑病	種子出現紫色斑紋。直接播種時，子葉會出現褐色或紫色斑點。應選擇未罹患疾病的健康種子。	毛豆等

白絹病	在土壤中繁殖後，接近土壤的莖部或土壤表面覆蓋白絲狀物，不久後枯死。應立即清除發病植株，7至8月時連同盆器一起曬太陽殺菌。	番茄、茄子、蔥、大蒜等
白銹病	好發於春、秋季，於葉子上出現白點狀銹斑的疾病。濕度太高時易發病，加強通風即可預防。	十字花科植物等
煤病	以蚜蟲等昆蟲的排泄物為養分的病原菌，葉、莖、果實上布滿黑色煤狀物。抑制吸食植物汁液的害蟲出現即可預防。	十字花科植物、茄科植物等
下葉枯病	從接觸土壤的葉片外側開始枯萎。需摘除患病葉片，加上覆蓋物避免葉片接觸土壤。避免土壤太潮濕即可預防。	萵苣等
瘡痂病	薯塊表面出現結痂狀斑點。種在偏鹼性的土壤裡時容易發生，需留意土壤的酸鹼值。應選用殺菌處理過的健康薯種。	馬鈴薯
立枯病	土壤中產生黴菌後幼苗枯死。播種，栽種時使用乾淨的培養土即可預防。出現枯葉時需摘除，發病後拔除幼苗，消毒土壤。	茄科植物、瓜科植物、葉菜類等
炭疽病	出現圓形斑點，置之不理時就會穿孔，結果時會掉果。發病後應及早割除。	十字花科植物、茄科植物、瓜科植物、草莓等
蔓枯病	靠進土壤的莖部由灰色轉成褐色後變軟，惡化時會出現黑色或褐色斑點蔓延至全株。架設支柱，加強通風，避免環境太潮濕即可預防。	瓜科植物等
蔓割病	好發於高溫時期，白天下葉垂頭喪氣，夜間又恢復原狀，漸漸地蔓延至上葉。挑選抗病能力強的嫁接木苗等即可預防。	瓜科植物等
軟腐病	根部腐爛後發出惡臭。加強排水與通風，避免太潮濕即可預防。	大部分蔬菜
根腐病	好發於6至9月的高溫潮濕時期。根部遭絲狀菌入侵後腐爛，不久後整株枯死。加強排水即可預防。	大部分蔬菜
灰黴病	莖、葉、果實的傷口溶解似地腐爛後布滿灰色黴菌。需避免環境太潮濕而損傷莖、葉等部位。需立即清除發病部位。	毛豆、四季豆、草莓、茄子、番茄等
葉霉病	從植株下方的葉子開始發病。部分發黃，葉背轉變成灰色，布滿黴菌。追肥為植株補充體力，加強通風，避免潮濕即可預防。	番茄等
白斑葉枯病	葉子出現白色斑點，不久後斑點轉變成褐色後枯死。加強通風，避免太潮濕即可預防。	洋蔥、韭菜等
細菌性斑點病	莖、葉出現斑點後枯死。發病後應立即摘除。病原菌易從傷口入侵。	十字花科植物、瓜科植物、茄科植物等
斑點病	葉片出現許多茶色斑點。發病的葉子與落葉應儘快清除。加強通風，避免潮濕即可預防。	番茄等
腐爛病	結球葉內部或肥大的鱗莖軟化後腐爛。必須連同發病植株一起清除。	萵苣、蔥、洋蔥等
露菌病	葉背出現灰色、黃色的黴菌。發現發病葉子時應立即清除。	菠菜、小黃瓜、洋蔥等
病毒	葉片萎縮或轉變成馬賽克般顏色。發病後應立即拔除。以蚜蟲為媒介，需留意。	大部分蔬菜

解開你的疑問！

盆栽種菜 Q&A

第一次自己栽培植物是一件非常快樂的事情。
但同時也會因為「咦？這是怎麼一回事？」而滿腹疑問，或因為植物生長得不好而面臨種種困擾。
本單元中將一併為你解決這些煩惱，盡情地享受盆植菜園的樂趣吧！

栽種・播種編

Q 盆器很小，已經播下一大堆種子了，一包種子還是用不完，想留著明年再播種，請問種子可以保存嗎？

A 種子可以保存，只要保存方法正確就不會降低發芽率。

種子擺放越久，發芽率（種子發芽的機率）越低。理想是打開包裝後一次用完，但難免因為環境關係而無法用完。碰到這種情形時，不妨裝入密封容器後存放在冰箱裡，適當溫度為約5℃。大部分的種子可保存一年左右，但胡蘿蔔、洋蔥等種子不夠強韌，應避免存放超過2年。使用時必須看清楚種子包裝袋上的使用期限等相關記載。

Q 要從育苗盆取出幼苗種入盆器時，一直無法順利地取出，是否有什麼訣竅呢？

A 以手指輕輕地夾住植株後緩緩地取出。

以慣用手構成剪刀狀，利用食指與中指夾住植株基部，讓植株基部位於手指之間，另一隻手抓住育苗盆下方。根團很脆弱，因此兩手都不能太用力。自己育苗時，根盆有可能不夠扎實，建議多栽培一陣子再移植。

成長篇

Q 開花後不結果該怎麼辦呢？

A 必須針對原因做出妥善的處理。最常見的是肥料不足，建議充分施肥。

栽種蔬果類植物時容易出現栽培很順利，但遲遲不結果的情形，原因非常多，最有可能是因為施肥或澆水不夠，建議充分施肥或澆水（請配合不同植物的生長習慣處理）。受粉不成功也可能是原因之一，建議利用毛筆，以人工授粉方式解決問題。或是想想看是否有擺在屋裡太久，或因風、昆蟲等因素阻礙受粉等問題。

Q 要拔除多少幼苗才算適當的疏苗呢？拔掉太多幼苗而擔心影響採收量該怎麼辦？

A 疏苗的適當程度因植物而不同，基本上只要「葉子不會彼此重疊」即可。

疏苗與摘心程度的確很難拿捏。本書中介紹的各類植物栽培方法中都分別記載著疏苗要點，請參考該記載。基本上應疏苗到植株成長茂盛時葉子不會彼此重疊，就像人搭乘客滿的電車會覺得不舒服，疏苗後植物才不會覺得擁擠。其次，疏苗後植物才能吸收到足夠的養分，因此千萬不能怕麻煩，應適時地疏苗與摘心。

病蟲害篇

植物上出現害蟲，
噴灑藥劑就能解決嗎？

不能完全靠藥劑解決問題，
必須依據害蟲與植物研擬對策。

可分為適合與不適合噴灑藥劑兩種情形，必須視出現在植物上的害蟲種類而定，捕殺即可的情形也很常見。建議參考P.90研擬對策。發現害蟲後置之不理可能殃及植物，因此必須及早研擬因應對策。出現害蟲的重大因素之一為擺放盆器的場所通風不良，平常就應隨時留意，經常整理栽種植物的環境。

植物遭疾病侵害
就無法採收了嗎？

必須視疾病狀況或處置情形而定，
有時候還可採收。

建議透過P.92的疾病一覽表，確認植物罹患的疾病吧！有時候必須連同植株一起處理掉，有些疾病則是早期發現，摘除受害葉子或果實，噴灑藥劑後，還是可像患病前一樣健康地成長、採收。

藥劑可能影響人體健康，
有沒有天然又能預防病蟲害的方法呢？

選用不會影響人體健康的藥劑就不必擔心，
生活周邊就能找到媲美藥劑的有效方法。

「藥劑＝影響人體健康」，懷著這種想法的人非常多，其實賣給一般家庭使用的藥劑藥效通常都不會太強，使用上不會有問題。在意的人不妨試試下列這些生活周遭就能取得的「自然農藥」吧！

牛奶……選一個天氣晴朗的早上，牛奶不經過稀釋，利用噴霧器，直接噴撒在葉子上，作為解決蚜蟲的對策，使用後擦乾淨吧！

蛋殼……像加上覆蓋物似地鋪在土壤上，作為防止切根蟲對策。

魚腥草……將新鮮的魚腥草鋪在植株基部，害蟲聞到味道就不敢靠近。

其他篇

將居家庭院打造成家庭菜園或盆植菜園，
哪一種比較有趣呢？

各有優缺點，必須仔細確認後
再開始動工。

相較於盆植菜園，將居家庭院打造成家庭菜園的優點是，土壤與肥料較多，比較容易將植物栽培長大，即便是種同一種蔬菜也能栽培得更大棵。盆植菜園易受容器大小之影響，栽種扎根較深的植物時容易出現空間不足的問題。打造盆植菜園的優點是，準備土壤或移動較方便，可降低颱風等天氣因素之影響。

以盆栽種菜需要換盆或加土時，
可使用庭院裡的泥土嗎？

並非絕對不可以，
但使用培養土更方便安心。

不是說庭院裡的土壤就不能種菜，只是還有更適合用於種植蔬菜或香草植物的土壤。想將土壤處理成那種適合栽種的土壤，必須自行混入肥料，了解庭院裡土壤的酸鹼度。而使用市面上販售的培養土就不需要費心處理土壤，所以才建議使用。其次，有些土壤裡還是會躲著肉眼看不見的害蟲。當然培養土也不是絕對安全，但使用起來還是比較安心。

必須外出好幾天，擔心植物枯死，
該怎麼辦才好呢？

栽種比較耐乾燥的植物，外出幾天就沒關係。必須視季節或植物而定，使用寶特瓶式澆水器即可解決問題。

除炎熱的夏季外，需外出1至3天時，只要在出門前充分澆水，基本上就沒問題。不過，栽種比較不耐乾燥或易因季節而出現缺水問題的植物時，確實擬定因應對策比較安心，在園藝用品店就能買到自動供水之類的設備，但假使只要外出幾天，可將寶特瓶裝水後，在瓶蓋上鑽孔，蓋好後插入土壤裡即可。鑽孔大小需視植物而定，孔洞太大時可能因澆水太多而導致根部腐爛，需留意。

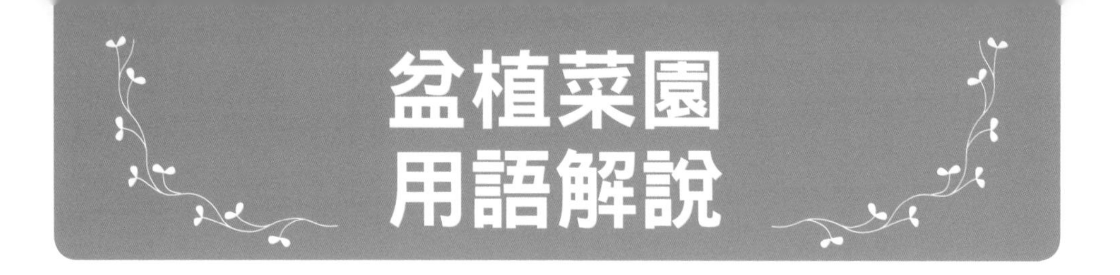

育苗

將種子播在塑膠盆或育苗盆（箱）裡，或插入插枝用枝條後的栽培過程。幼苗長大到相當程度後換盆種入（移植）容器裡。適合發芽率不高或需要調節溫度時採用。

第1顆果實

開花後長出的第一顆果實。長出第一顆果實時，植株通常還沒成熟，果實不容易長大。為了避免植株節省養份以便往後採收更多果實，建議在感覺「果實還不夠大」時就採收第一顆果實。

施禮肥

採收後為植株施肥的作業。連續栽種好幾年的植物施禮肥後即可增進下一個年度之採收。施禮肥可使採收後的植株恢復疲勞。

植株

植物體的單位名稱。盆器裡栽種兩棵以上的植物時，植株與植株之間的距離稱「株間」，植株長大後連同根部一起分開稱「分株」。

雌雄同株異花

瓜科植物等最常見，指一個植株分別開出雌、雄兩種花的植物。相對地，番茄等植物開的花稱「雙性花」，一朵花上長著雄蕊與雌蕊，比雌雄同株異花植物更容易受粉。栽種雌雄同株異花，開花數較少的植物時，最好嘗試人工授粉以促進結果。

主枝（或主藤）

指位於植株中心的枝條。「側芽」由主枝上的葉柄基部長出，側芽長大後就成了「分枝（枝條）」。栽種植物時基本上都是將主枝栽培長大，栽培某些植物時也可能以側枝為主。其他稱呼方式如蔓藤植物的主枝稱「親蔓（母蔓）」，側枝稱「子蔓」，從側枝長出的小側枝則稱「孫蔓」。

生長點

指位於根、莖的尾端，長出新莖葉的部位。採收某些蔬菜時留下生長點就能延長採收期間。成長點的細胞分裂情形比其他部位更旺盛。

抽梗

指植株長大後冒出花芽，花莖抽長的現象。栽種葉菜類等植物時，植株抽梗，葉子就會硬化，不適合食用，因此應避免植株抽梗，食用花蕾的植物則必須促使抽梗。植物會因氣溫等因素而抽梗，必須仔細觀察各種植物的狀況後妥善處理。抽梗又稱「抽苔」。

根團

指植物根部與土壤結合為一體的狀態。育苗後移植時應避免破壞根團，換盆時應避免傷及植物的根部。

連作

指連續在同一個場所栽種相同的植物。連作可能使土壤中的養分變少，留下病蟲害的危害因子。是否能採用連作方式或休耕2至3年後才栽種，必須視植物種類而定。因連作而造成的危害或生長不良等現象稱「連作障礙」。

自然綠生活 08
Green Life style

從種子到餐桌，食在好安心！

小陽台の果菜園&香草園

監　　修／藤田智
譯　　者／林麗秀
發 行 人／詹慶和
總 編 輯／蔡麗玲
執行編輯／李佳穎
編　　輯／蔡毓玲・劉蕙寧・黃璟安
陳姿伶・白宜平
執行美術／翟秀美
美術編輯／陳麗娜・周盈汝
內頁排版／造極
出 版 者／噴泉文化館
發 行 者／悅智文化事業有限公司
郵政劃撥帳號／19452608
戶　　名／悅智文化事業有限公司
地　　址／新北市板橋區板新路206號3樓
電　　話／(02)8952-4078
傳　　真／(02)8952-4084
網　　址／www.elegantbooks.com.tw
電子信箱／elegant.books@msa.hinet.net

2015年06月初版一刷　定價380元

Boutique Mook No.1142 Yasai to Herb no Planter Saien

經銷／高見文化行銷股份有限公司
地址／新北市樹林區佳園路二段70-1號
電話／0800-055-365 傳真／（02）2668-6220

國家圖書館出版品預行編目(CIP)資料

從種子到餐桌，食在好安心！：小陽台の果菜園&香草園 / 藤田智監修；林麗秀譯. -- 初版. -- 新北市：噴泉文化館出版：悅智文化發行，2015.06
面；　公分. -- (自然綠生活；8)
ISBN 978-986-91872-0-6(平裝)

1. 蔬菜 2. 栽培

435.2　　104008381

親植
蔬果

天天吃得新鮮
安心・又健康！

從陽台到餐桌の迷你菜園：
親手栽培・美味＆安心

BOUTIQUE-SHA ◎著
謝東奇／審定
平裝／104 頁／21×26cm
全彩／定價 300 元
噴泉文化◎出版